志望理由書 & 面接

自分だけの物語で
逆転合格する

総合・推薦入試

竹内麦村 著

推薦書対策
&
面接DVD
つき

Gakken

# はじめに

　ずっと受験に関わってきた。センター試験（共通テスト）8割獲得、国公立大一発逆転指導など、得点の方策を伝えてきた。だが、その得点が読解力や表現力の深浅を示すわけではない。そもそも読解力・表現力とは何か。それは人生を豊かにするためにあり、自分自身を象（かたど）るものだ。その力を携え世界へとコミットしていくことが、生きる力につながる。

　総合型・学校推薦型（AO・公募推薦）入試との出合いが、生徒と私を変えた。キミを象るきみの物語とそれらの入試とはイコールで結ばれている。

　中学受験で失敗した生徒、いや、失敗とは何もしないことだから、失敗ではなく傷ついた経験のある生徒が、私に言う。中学の頃から授業は無視、高校の評定もひどいまま、でも、どうしても行きたい大学がある。ただ…小6の頃、不合格通知を見た母のため息が高3になった今でも耳から離れない。落ちたくない…。私は確信する、総合型（AO）入試で合格すると。なぜか？意志と傷ついた心は本物だから、物語があるから。はたして数少ない合格者の中に彼女の名はあった。

　学習の「習」の字は「羽が白い」と書く。鷹（たか）のひなは巣立ちの時に何度も羽を広げて羽ばたく練習をする。その時に羽の裏側の白さが目を惹く。それに由来する言葉だ。ひなは親鳥の姿を習い、やがて大空へと飛翔していく。羽ばたきたいのに羽ばたけないでいるのが今のキミなら、本書がきっと親鳥となり、飛翔をお手伝いできると確信する。彼女のように転んで膝をすりむいた経験のある人、大学への強い意志がある人ならなおのこと、本書は必ずやキミの親鳥となる。

　最後に…、ひびの入った校舎で躓（もが）いていた私に共感し、導いてくださった細川順子氏には、落涙をもって謝辞に代えたい。

竹内麦村（たけうちばくそん）

# 本 書 の 使 い 方

夏から準備を始める人は、必ずここから！

# 1

まずは、
## DVDの〈準備〉編を
## チェック！

夏休みのうちにぜひやっておきたい
秘伝の準備方法を紹介します！

---

春から準備を始める人は、ここからスタートして、
DVDは最後にまとめて見てもOK！

序章・エントリーシート編

# 2

## 読んで学ぶ！

総合・推薦入試とは？ どんな力が求められるの？
まずは ☞**序章 総合・推薦入試を知る** と
☞**Ⅰ章 自己推薦書を知る** で学ぼう！

# 3

## 材料集めをして、
## 書く！

合格するための「考え方」がわかったら、次は材料集め。
☞**Ⅱ章 物語をつくる** を読みながら、
☞**別冊 サクセスノート** に書き込んでいこう！

**3**

のつづき
# 課題レポートの
# 書き方を学ぶ

大学から課題レポートを課された場合の
書き方を紹介します。

# 推薦書を書いてもらう

学校の先生に推薦書をお願いする時に
心がけることを紹介します。

面接編

**4**

# 読んで面接に備える!

前半の ☞ **I章 面接ではキミの何が見られるか** では、

面接でどういうことに注意すべきかを知り、

後半の ☞ **II章 どんな質問をされるのか** では、

想定される質問をおさえ、実際に準備していきます。

**5**

# DVDの〈実践〉編で
# 仕上げ!

最後に、面接本番に備えて
面接シミュレーションの動画をチェックし、
自分でも真似て練習しましょう!

自分だけの物語で逆転合格する
総合・推薦入試 志望理由書&面接
目次

はじめに ──────────────────────── 003
本書の使い方 ───────────────────── 004

序章 総合・推薦入試を知る

総合・推薦入試とは ─────────────────── 010

エントリーシート編

Ⅰ章 自己推薦書を知る

1 エントリーシートを書くために ─────────── 028
2 自己推薦書とは（考え方1〜5）───────────── 032
3 何を伝えるのか（考え方6〜11）───────────── 047
4 アドミッションポリシーを読み解く（考え方12〜14）── 061
5 入試要項を踏まえて書く（考え方15〜17）──────── 076
6 理系学部の場合（考え方18）────────────── 095
7 秋桜咲いた自己推薦書 サクセスストーリーを読もう ── 104

Ⅱ章 物語をつくる（自己推薦書を書く）

1 試験官は何を見るか ─────────────────── 158
2 材料集めをしよう！ ─────────────────── 161
3 文章構成を考えよう！ ────────────────── 166
4 どのように書くのか ─────────────────── 168
5 文章にしよう！ ───────────────────── 179

## Ⅲ章 課題レポート・推薦書を知る

1 課題レポートとは ............................................ 186
2 サクセスストーリーを読もう（課題レポート） ............... 198
3 推薦書とは .................................................. 212
4 推薦者をやる気にさせよう .................................... 219

面接編

## Ⅰ章 面接ではキミの何が見られるか

1 面接試験で大切なコミュニケーション力とは ................... 232
2 見た目・立ち居振る舞い ...................................... 234
3 雰囲気（表情・声） .......................................... 240
4 受け答えの準備の前に ........................................ 243

## Ⅱ章 どんな質問をされるのか

1 面接での質問は大きく2パターンある .......................... 252
2 エントリーシートに関する質問 ................................ 254
3 エントリーシート以外についての質問 .......................... 259
4 面接シミュレーション ........................................ 270
5 面接官について .............................................. 276

別冊

# 自分だけの物語で逆転合格する サクセスノート

DVD

# 面接対策 掟破りの秘策編

準備

Ⅰ 夏休み中に必ずやっておくべきこと

Ⅱ 名探偵になろう!

実践
見えてくる
合格への道

Ⅰ 面接室入室方法

Ⅱ 礼の種類
①会釈
②ふつうの礼
③丁寧な礼

Ⅲ 入室後の所作
①座るときの所作
②座った後の姿勢
③最後に退室するまでの所作

Ⅳ 入室後のノンバーバルコミュニケーション
(言葉以外のコミュニケーション)

Ⅴ 大学が求める生徒像

Ⅵ 的を射た応答をするには?

Ⅶ 面接風景

Ⅷ 求められるコミュニケーション力

序章

# 総合・推薦入試を知る

# 総合・推薦入試
# とは

## 特技なし、
## 低偏差値でも諦めない!!

　偶然、キミが手にしたこの本が、キミが選ぶ進路を必然にすることをお約束します。

　私は15年以上、高校3年生諸君の進路指導を担当してきました。私が学校内外で指導した高校生は、学科試験を主としない入試で1500名以上が合格しています。具体的には次のとおりです。

国公立大学の合格実績

北海道大学・札幌市立大学・国際教養大学・筑波大学・横浜市立大学・埼玉県立大学・東京海洋大学・東京学芸大学・東京都立大学・都留文科大学・静岡大学・静岡県立大学・信州大学・長野県立看護大学・岐阜大学・岐阜薬科大学・三重大学・三重県立看護大学・名古屋大学・名古屋工業大学・名古屋市立大学・愛知県立大学・愛知教育大学・大阪府立大学・大阪教育大学・奈良教育大学・神戸市立外語大学・高知大学・島根大学・長崎大学・琉球大学など

慶應義塾大学・早稲田大学・上智大学・東京理科大学・学習院大学・明治大学・青山学院大学・立教大学・中央大学・法政大学・国際基督教大学・津田塾大学・東京女子大学・聖心女子大学・東京慈恵会医科大学・同志社大学・立命館大学・関西大学・関西学院大学・産業医科大学など

おっと、勘違いしないでくださいね。**私の勤める学校は、いわゆる進学校ではありません。15年ちょっと前には国公立大学進学者はほぼゼロでしたし、現在もいわゆる進学校ではありません。**むしろ私は、生徒たちが進学先よりも、自分の生き方を考える「進路校」と形容しています。

では、なぜ、私の関わった生徒諸君が総合型選抜（旧AO入試。以下、「総合」「総合入試」）や学校推薦型選抜（旧公募推薦入試。以下、「推薦」「推薦入試」）で合格できたのか？　なぜ、**特技なし、低偏差値でも合格できるのか？**

その答えを本書で伝えようと思います。まずは、しっかりと読んで理解してください。そして、本書を読みながら、DVD『掟破りの秘策編』の〈準備〉編を見て、まずはやるべきことを知りましょう。そして〈実践〉編で面接の練習をして、総合・推薦入試対策の最後の仕上げを行いましょう。

総合・推薦入試には、合格のための、誰でも習得可能な方法が存在します。つまり、本書を偶然手にしたキミも、総合・推薦入試で合格する必然を得たということです。

## 誰でも挑戦できる 総合・推薦入試

　**総合・推薦入試には、合格のための特別な方法が**存在します。

　特別といっても、それは方法のことであって、特別な受賞歴や資格などを必要とするということではありません。誰にでもその挑戦権は与えられているのです。

　たとえば、難関といわれる私立大学の総合入試の中にも、クリアすべき成績基準（評定平均値）すらない学部もあります。よって、学校の成績がビリに近くても、モチベーションがあり、対策さえしっかり立てて入試に臨めば、合格の可能性があるのです。実際に私の関わった生徒諸君は、**資格なし、成績悪しでも、**モチベーションとポテンシャル（潜在能力）が評価されて、**一般受験の偏差値70以上の大学に合格**しています。そして、入学後も充実した大学生活を送っていますよ。

　国公立大学の推薦入試でも、高校での成績は、入試要項に示された出願基準をぎりぎりクリアしていればOKです。たとえば、出願基準が評定平均値3.0以上の大学（実は難関大学）に、ぎりぎり3.0しかなくても合格していった受験生を、私は、何人も目の当たりにしてきました。

　それが総合・推薦入試です。

　そして、**誰でも習得可能な、合格のための特別な方法、それはキミだけの物語づくりであり、そのつくり方にあるのです。**「物語」とは、エントリーシート（出願書類）にキミが書く内容のことです。このあとの「エントリーシート編」で詳しく説明します。

## 総合・推薦入試って
## どんなもの？

　現在の大学入試の仕組みを知るには、まずはかつてのAO・公募推薦入試の仕組みを予め知る必要があります。図で表すと次のようになります。

**2019年度までの
大学入試のパターン**

私立大学

- ● 推薦入試 ── ┬─ **公募推薦** ┤ エントリーシート
  　　　　　　　　　　　　a 学科試験　　※a〜d の単独も
  　　　　　　　　　　　　b 小論文　　　　しくは組み合
  　　　　　　　　　　　　c **面接**　　　　わせで実施。
  　　　　　　　　　　　　d レポートなど　専願・併願あり。
  　　　　　　　└─ 指定校推薦

- ● **AO・自己推薦入試** ┤ エントリーシート
  　　　　　　　　　　　　a 小論文　　　　※a〜c の単独も
  　　　　　　　　　　　　b **面接**　　　　しくは組み合
  　　　　　　　　　　　　　　　　　　　　わせで実施。
  　　　　　　　　　　　　c 学科試験など　専願・併願あり。

- ● センター利用入試 ─┬─ センター試験のみ
  　　　　　　　　　　　└─ センター試験と個別学科試験

- ● 一般入試 ─────── 個別試験

エントリーシート

● **公募推薦入試**
- a センター試験
- b 学科試験
- c 小論文
- **d 面接**

※a〜d の単独も
しくは組み合
わせで実施。
専願のみ。

エントリーシート

● **AO入試**
- a 小論文
- **b 面接**
- c 学科試験など

※a〜c の単独も
しくは組み合
わせで実施。
専願のみ。

● **一般入試**
- センター試験と個別学科試験
- センター試験と小論文（＋面接）
- センター試験と面接
- センター試験のみ
- 個別学科試験のみ

　私立大学の入試は、大きく4種類に分けることができました。その中の推薦入試はさらに2種類あるのですが、指定校推薦入試は高校によって様子が異なります。そもそも指定校の「指定」とは、「大学による」、高校の「指名」ということです。本書では対象外なので説明はしませんが、志望理由書などを書く場合には、本書は強い味方になります。

　推薦入試のもう1種類の「**公募推薦入試**」、これについて簡単に説明します。「公募」とは、読んで字の如く「おおやけにつのる」こと。つまり、各大学

の示す基準さえクリアしていれば、どのような生徒にも、門戸は開かれているということです。そして、誰からの「推薦」が必要かと言えば、キミの在籍する学校長の推薦です。ただし、実際はその「推薦書」を学校長が自ら記すことは、まずありません。担任教師をはじめとする学校の先生の誰かが、書くことになります。よって、キミは先生にあらかじめ「推薦書」をお願いしなければなりませんね。推薦入試の場合は、必ず推薦書の提出が求められます。選抜方法は、大学・学部・学科・専攻によって、その組み合わせは異なり、多種多様です。ただし、その基本は、「エントリーシート（出願書類）」と「面接」にあります。この2つが大きなウェイトを占めることは確かです。

　次に「AO入試」についてです。このAO入試を、大学によっては自己推薦入試と呼んだり、また別の名前がつけられたりもしています。AOとは「アドミッションオフィス（admissions office）」の略語です。もともとは、「大学の入試事務局（admissions office）」と「受験生本人」がやりとりをする中で、入学の適否を決めていくという選抜スタイルが基本でした。つまり、高校は介入しないことが原則でした。しかし、近年のAO入試においては、学校長の「推薦書」を要求する大学がありました。「評定基準（成績基準）」を設けているところは、高校からの「調査書」の提出も必須でした。このAO入試も、「エントリーシート」と「面接」が大きなウエイトを占めます。また、「面接」の中に「プレゼンテーション（自己アピール）」を採り入れている大学も増えつつありました。

　近年、私立大学におけるAO入試と公募推薦入試の違いは、実施時期の違いしかないように思われました。AO入試のスタート時期のほうが早く、2学期が始まって間もない、まだ暑い時期に合格確定ということも、珍しいことではなくなっていました。

次に国公立大学について簡単に説明しますね。2016年度入試より、東京大学では公募推薦入試が、京都大学ではAO入試と公募推薦入試がそれぞれスタートしました。今後、国公立大学においても公募推薦入試やAO入試での募集数が増加していくことが見込まれています。

この入試における私立大学との相違点は、**国公立大学の場合はほぼ専願である**ということ。つまり、合格したらどんなことがあっても入学することを、義務づけられていることが多いのです。一方、私立大学においては、AO・公募推薦入試ともに併願可の場合もありました。

国公立大学のAO・公募推薦入試の選抜スタイルは、「**人物重視**」の方向性が明確であり、「エントリーシート（推薦書を含む）」と「面接」の比重がかなり高いものとなっていました。各大学の入試要項に、具体的にその割合が示されたりしています。入試要項の熟読が必要ですね。時期は、センター試験を課さない公募推薦入試は11月から始まり、基本的にはAO入試のほうがそれより多少早い程度でした。小論文を課す大学・学部も多いのですが、採点者の話をうかがうと、「誰もが同じような金太郎あめ状態」がよくあるそうです。よって、**エントリーシートと面接でいかに独自性を伝えるか**がポイントになりました。

## 今までとの違いは何？

2019年度までの大学入試の仕組みを説明しました。では、今後それはどうなるのか？　さらに説明しますね。

「一般選抜」についての説明は省略して、「**総合型選抜**」と「**学校推薦型**

選抜」についてのみ、説明します。まず、今までとの大きな違いは**入試実施日が遅くなった**ということです。ただし、私立大学については今までとあまり変わりないところもあるので、大学によって開始時期や出願時期が変わり、その幅が広がったとも言えます。

　文部科学省から提示された内容について挙げてみますね。

　「**総合型選抜**」の評価方法の特徴については、次のとおりです。

「総合型選抜」の評価方法の特徴

　① 　調査書等の出願書類だけでなく、（1）各大学が実施する評価方法等（例：小論文、プレゼンテーション、口頭試問、実技、各教科・科目に係るテスト、資格・検定試験の成績等）、もしくは（2）「大学入学共通テスト」の少なくともいずれか一つの活用を必須化すること。

　② 　志願者本人の記載する資料（例：活動報告書、入学希望理由書、学修計画書等）を積極的に活用すること。

　①②のポイントを示しました。しかし、それぞれの大学で何をどのように採り入れるかについては各大学に任されており、結局、前述した今までのAO入試とほぼ変わりはないと言えます。ただ、大学独自の方法で実施できる幅が広がったことは確かです。「学科試験を採り入れなければならない」と、文部科学省は大学側に要望していますが、実際には「**小論文やプレゼンテーション（口頭試問）なども学科試験の対象**」にしているので、「総合型選抜」と名称は変わっても今までの「AO入試」とあまり代わり映えしない内容にすぎないと言えるでしょう。ただし、キミは自分の受験する年度の入試要項や

情報をいち早く集めて、丹念に読み込んだ後に、本書を活用して受験に備える、という構えが大切です。


次に「学校推薦型選抜」の評価方法の特徴について示します。

「学校推薦型選抜」の評価方法の特徴

① 調査書等の出願書類だけでなく、(1) 各大学が実施する評価方法等（例:小論文、プレゼンテーション、口頭試問、実技、各教科・科目に係るテスト、資格・検定試験の成績等）もしくは (2)「大学入学共通テスト」の少なくともいずれか一つによる評価を必須化すること。

② 推薦書において (1) 本人の学習歴や活動歴を踏まえた「学力の3要素」に関する 評価を記載すること、及び (2) 大学が選抜でこれらを活用することのどちらも必須化すること。

①②のポイントを示しました。学校推薦型選抜においても、今までとそれほど大きな変化はありません。

これまでとの一番の相違点は、大学が活用する評価方法や比重について、募集要項などで明確化しなければならないことや、実施時期を遅らせること、調査書を多面的な評価法に変えることなど、受験生よりも、大学や高校に対して変化を求めた内容になっている点です。

よってキミは、まずは希望する大学・学部の大元の情報である入試要項をできるだけ早く取り寄せて、本書を隅々まで活用して、「総合型」・「推薦型」の両方の対策をすればよいってことになります。

目の前を大量に流れていく情報に惑わされることなく、目標を定めて乗り越えていきましょう。

## 総合・推薦入試で大切なことは？

　総合・推薦入試は、「模試の偏差値や評定、大学入試共通テストの得点の見込みで、自分の受かりそうな大学を探す」という、入試に対するかつての思考では対応できません。「ただ受かりそうな大学に行く」ことを前提とした進路意識では、とうてい及びません。

　もちろん、先述したように特に優れた学力や特技はなくても大丈夫！　では、必要なことは何か？

　それはキミの**本気**の「**進路意識**」です。つまり、「私はこんな生き方がしたい（してきた）」そして「こんなことが好きだから、この学部に進みたい」または「こんな大学で大学生活を送って、自分の人生の糧にしたい」という思い。これが総合・推薦入試に臨むうえで一番必要なものです。

　そして、まだ悩んでいる人、迷っている人も大丈夫！　なぜ、キミは迷い、悩んでいるのでしょうか？　それは、キミが今、自分の生き方を真剣に考えているからです。考えれば考えただけ、悩みは増えるものです。

　しかし、問題ありません！　この本を読むうちに、キミの「進む路」が、きっと見えてくるはずです。なぜなら、本書には悩んで壁を乗り越えた、たくさんの先輩たちの進路物語がたくさん詰まっているからです。ぼんやりとかすんだキミの進んでいく路、本書は、それを照らす灯りになってくれますよ。

　次の文部科学省の資料を見てください。一番のポイントは「面接」だということが示されています。そして、その「面接」で受験生が話すことのベースとなる資料が、エントリーシートです。つまり、キミの「物語」を書いたエントリーシートがまず審査に通過すること、それが大変重要になります。**エントリーシートをいかに仕上げるかで、合否の8割が決まると言っても過言ではないでしょう。**

　エントリーシートの内容は、大学・学部・学科・専攻によって異なりますが、「自己推薦書（志望理由書）」と第三者による「推薦書」はセットになっていることが多く、ともに、とても大切な、合否に大きなウェイトを占める要素です。

　面接官は、間違いなく、このエントリーシートを読みこなしています。エントリーシートの内容が拙いものであったら、たとえ書類が通過したとしても、面接クリアは困難なものになるでしょう。大学・学部によっては、1次審査（書類審査）を全員に近い形で通過させたり、1次審査がなかったりする場合もあります。エントリーシートが拙い内容でも、次に進むことはありえるということです。しかし、面接で、定員数に合わせて不合格者を多数出すことも当たり前のようにあります。そのような高い倍率をかいくぐって面接を通過するためにも、エントリーシートは重要なのです。

　そして、エントリーシートなどをもとにした面接をクリアすれば、晴れて合格の運びとなります。このように、**総合・推薦入試での一番のポイントは、エントリーシートと面接**なのです。そして何より大切なこと、それは、エントリーシートや面接で伝える、**キミの物語**なのですよ。

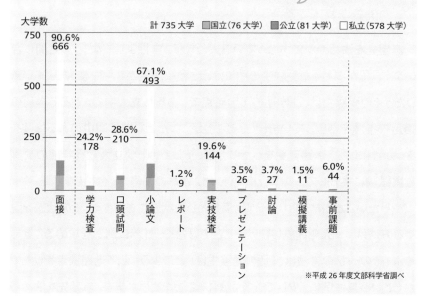

大学入学者選抜における
推薦入試の実施状況

大学数　　　　　　　　計 735 大学　■国立（76 大学）　■公立（81 大学）　□私立（578 大学）

90.6%
666

67.1%
493

24.2%　28.6%
178　210

19.6%
144

1.2%
9

3.5%
26

3.7%
27

1.5%
11

6.0%
44

面接　学力検査　口頭試問　小論文　レポート　実技検査　プレゼンテーション　討論　模擬講義　事前課題

※平成 26 年度文部科学省調べ

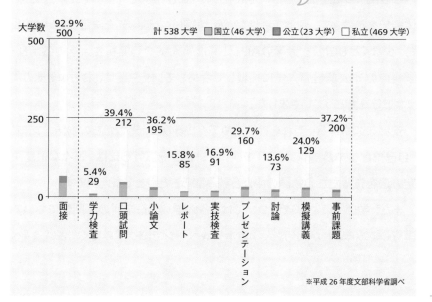

大学入学者選抜における
AO入試の実施状況

大学数　92.9%　　　　計 538 大学　■国立（46 大学）　■公立（23 大学）　□私立（469 大学）
500

39.4%
212

36.2%
195

37.2%
200

29.7%
160

15.8%
85

16.9%
91

24.0%
129

13.6%
73

5.4%
29

面接　学力検査　口頭試問　小論文　レポート　実技検査　プレゼンテーション　討論　模擬講義　事前課題

※平成 26 年度文部科学省調べ

総合・推薦入試とは

　志望先を決めかねてあせっている人、今が2学期より前なら、まだ間に合います。私が関わった受験生の中には、出願校決定が8月になった人もいました。その受験生は、1学期終了の時点で、ある私立大学の、とある学科の指定校推薦を希望していました。ところが、なんと夏期休暇中のある体験をきっかけにして、進路変更をしたのです。そして、国公立大教育学部の公募推薦試験に挑戦して、見事合格。たった2か月の準備で、合格しました。

　やりたいことがはっきりとせず、漠然とした状態にあるキミ、その状態を脱する方法は、**一人で内省し続けることではなく、外界に刺激を求めること**ですよ。その一番の方法は、「他の受験生は、どのようにして進路決定をしたのか」という具体例に、少しでも多く触れることだと思います。志望先を決めるきっかけづくりには、同じ受験生たちの物語（自己推薦書・志望理由書や課題レポート）に数多く触れることが有効でしょう。

　私の関わった生徒たちは、先輩たちの「自己推薦書・志望理由書」と合格体験記を熟読して、刺激を受けながら、最終的な進学先を決定していきました。少なくとも国公立大学のAO・公募推薦入試や難関私立大学の各学部・学科のAO・公募推薦入試に挑戦して合格していく生徒は、おおよそそのような道筋をたどっていきました。

　安易な進路選択、それを食い止めてくれるのが、先輩たちの物語、つまり「自己推薦書や課題レポート」です。**狭い視野を広げるには、様々な進路決定方法を先輩たちの物語の中から読み取ること**がとても大切です。

　また、学部・学科・専攻については、各大学・学部・学科の専門性について、調査してみることが大切。大学のホームページで調べてみてください。調べ

たことをもとに、自分が4年間かけてやりたい学問かどうか、自問自答することです。また、オープンキャンパスへ行って、大学の先生の話を直接聞いてみてください。オープンキャンパスに参加することによって、進学先を最終的に確定していくという流れ、それがこの入試を突破していく手順です。

さあ、これからキミたちも、本書をしっかりと読みこなして、総合・推薦入試突破という同じ目標を掲げて、それぞれの山を登っていきましょう！

## 総合・推薦入試は 決まった正解のない世界

### 👉 問いと答えは 1対1ではない

本書を読みながら、総合・推薦入試突破のための何か決まった正解があって、この本でそれをひたすら覚えればいいのだと、無意識のうちに思っているキミ。それは大きな勘違いですよ。学科試験のように、**問いと答えが1対1の対応になっていない**のが、この入試の前提です。

学校の定期試験や、予備校などの模擬試験の延長線上に大学入学試験があり、それはひたすらA＝B（AはBだ！）などと頭の中に複写するような、単なる暗記によって成就するものだという間違った認識があります。たとえば、かつては「英語の辞書を1ページずつ食べながら覚えた受験生」という都市伝説もあったくらいです。このような認識をもっているとしたら、それは改めるべきです。

一つのモノサシ、つまり、与えられたものを複写的に暗記して、それをたくさんアウトプットできることを学力だとする浅薄なスタンダード、その先入観

をぬぐい去らない限り、総合・推薦入試による大学合格への道は、閉ざされると思います。

　小学生に「電車などで見かける優先席ってな〜に？」と問えば、「お年寄りや体の不自由な方の席」と答えるでしょう。また「お年寄りや体の不自由な方の席って何て言うのかな？」と問えば、「優先席！」と即答することでしょう。でも、こうした「A＝B」を頭の中に複写しただけのような知識は、けっこうキケン。なぜって、「優先席以外なら優先しなくてもいい」といった思考停止の状態に陥りやすいからです。「優先席」に対する、想像力を伴わない絞切り型の知識だけで日常生活を過ごしていくうちに、「すべての席が、お年寄りや身体の不自由な方の優先席だ」という根っこの考え方がなおざりにされてしまいます。若者が座っているそばで、お年寄りがじっと立っているという状況の背景には、絞切り型で限定的な知識によってつくられた想念があるのかもしれません。

　では、「優先席とは何か」ではなく、なぜ「優先席はつくられたのか」を考えてみましょう。

誰も席を譲ろうとしない事実　→　優先席の設置
　　〈 具体的事実 〉　　　　　　〈 決まり 〉

座っている乗客が、席を必要とする他の乗客に席を譲ろうとしていなかった。それで、優先的に座ってもらえる席をつくろうという発想が生まれ、優先席がつくられたのではないか、と推測することができますね。しかしながら、優先席設置について、その背景などを誰も想像せず、誰も考えようとしないまま、ひたすら「優先席 ＝ お年寄りや体の不自由な方の席」という頭の中に複写しただけの知識に終始してしまったら、思考停止状態に陥ります。

そして、具体的な事実から決まりをつくったけれども（優先席の設置）、その決まりを、優先席以外の席に対して複写して考えてみるとどうなるのでしょう？

優先席はお年寄りが　　→　　優先席以外は座れる。たとえ自分が
優先される　　　　　　　　　座っている目の前にお年寄りが立って
　　　　　　　　　　　　　　いたとしても…。

　　〈決まり〉　　　　　　　〈決まりをそのまま複写する〉

つまり、絞切り型で限定的な知識を複写しても、根本的な問題にまで至る思考（ここでは、「なぜ優先席がつくられたのか？」「本来、どうあるべきなのか？」などを考えること）にはつながらないのです。

そして、この「根本的な問題にまで至る思考」こそ、「自己推薦書」などで必要となる文章力と「面接」で必要となるコミュニケーション力におおいに関わってくることなのです。

もちろん、知識がいらないというわけではありません。ある程度の常識的

な知識は必要です。ただ、手元のスマートフォンで調べればわかるような、**頭に複写するだけの知識は、総合・推薦入試においては必要ありません**。単にインプットしたものをアウトプットするだけの行為は、コンピュータに任せましょう。これからキミたちが身につけようとしていることは、別物ですよ。

　もともと大学というところは、「知」を追求する場所です。その「知」は「知識」ではなく、**未知の事柄について理解を深めようとする「知恵」**です。そんな知恵と勇気のある人を、大学は求めています。立ちはだかる壁に、「知恵」をもって果敢に挑戦した経験のある人、あるいは、これから勇気をもって挑戦しようとしている人を求めているのですよ。そのためには、ただの絞切り型の知識ではなく、新たな視点をもとうとする知恵が大切！

　では、そんなキミの知恵を、エントリーシートや面接でアピールする具体的な方法を、確認していきましょう！

# 自己推薦書を知る

## エントリーシート編

# 1
# エントリーシートを書くために

 **エントリーシートの基本3セット**

　エントリーシート（出願書類）には、基本の3点セットがあります。それは、〈自己推薦書（または志望理由書）・課題レポート・推薦書〉です。

　**自己推薦書**とは、「自分を大学に推薦する文書」のことです。なぜその大学でその分野を学びたいと思ったか、なぜ自分がその大学で学ぶに値するのかをアピールする文書です。

　**課題レポート**とは、大学側から与えたれた課題について、自分なりに考え、行動し、出た結果を一つにまとめた文書のことです。ここでは、課題について取り組む姿勢・考え方が見られます。

　**推薦書**は、学校からのキミを推薦する文書のことです。学校でキミを直接指導してきた立場の人が、キミが学問に対してどのような態度をもって臨んできたかを客観的にチェックして、作成されます。これだけは、キミが自ら書くものではないですね。

　これらに必要なもの、それは文章力、そして物事について深く考え抜く思考力です。では、その思考力とはどういうものなのでしょうか？

 **文章力は
思考力**

　「はじめに」で述べたように、問い→答え といった1対1対応の知識だけでは、総合・推薦入試は乗り越えられません。反対に、知識の積み上げがなくても、学校の勉強が今一歩でも、**キミの物語（自己推薦書などに書く、自分の体験・志望の熱意など）を伝える、キミの思考のプロセスを文章に表す**ことさえできれば乗り越えられるのが、この入試制度のすばらしいところなのです。

　試験官が見る大切なポイント、それは、キミの大学・学部を志望する本気度が、エントリーシートに表れているかどうかということです。そして、その熱意が本物であるかを直（じか）に確認するために、面接があるのです。つまり、エントリーシートと面接とは表裏一体の関係にあって、評価ポイントは文章力、つまりキミの思考力にあります。

　試験官は、キミの思考力を見る（評価する）ために、キミがどんな思考のプロセスをたどる生徒なのかをチェックします。そして、それはキミの書いた文章で見る（評価する）のです。

評価（合否）のポイント

思考力評価　⇄　思考プロセス評価　⇄　文章力評価

　今まで、まじめにまじめに生きてきたキミ。定期試験や模擬試験でいい点を取るために、複写人間になってきたキミ。そのまじめさを、思考中心の、キミの物語づくりに注いでください。勉強が苦手で、でもやりたいことがあって、

「この学部へ行きたい」と熱望するキミ。また、そういうものを見つけたいと思っているキミ。その熱意を、キミの物語に注入しましょう！

### 👉 物語をつくるための考え方

では、キミの物語をどうやってつくっていくか？　その方法・考え方を伝授していきます。マニュアルを覚えるのではなく、考える方法を身につけてくださいね。必ず、キミだけのすばらしい物語ができあがります。相手、つまり、キミを選抜する人たちは、物語の出来の良さなんか求めていません。キミの、過去から今に至る生きてきたプロセスと、未来のビジョンを、知りたいのですよ。それを適切に表せば、すばらしい物語になるということです。

合格がゴールではなく、入学後に自分がどうするか、どうしたいかを考えていきましょう。それがこの総合・推薦入試の大切な要素になります。

18世紀のフランスの思想家ジャン・ジャック・ルソーは、「わたしたちは二度生まれる」と言っています。どういうことでしょうか？

1度目は、この世に存在するために、物理的に生まれること。

2度目は、この世の中を生きるために、自分の路(みち)を歩き始めること。

自分はこれまでどう生きてきたのか、そして、これからをどう生きていくのか、その判断材料を集めるのが今なのです。判断材料を集め、思考することが、実は、勉強することの本質であり、進路を考えることです。

そして、そのプロセスを相手に示すのが、総合・推薦入試だといえます。

## 書くためには
## まず読むことを

　おっと、慌てないでくださいね。いきなり材料集めをして書こうとしてもムリ！　まずは、しっかりと読むことから始めてください。本物の物書き（小説家）は、いきなり物書きになったわけではないですよね。小説が書けるようになるまでに、何冊もの書物を読んできたはず。その「読むこと」を土台にして「物」が書けるのですよ。

　キミにも、これから本物の合格物語（合格した先輩たちのエントリーシート）をたくさん読んでもらいます。それこそが、キミが書けるようになる、一番の近道だからです。もちろん、しっかりと解説するので安心して読み進めていってください。そして、まだ進路が決まっていないキミも、しっかりと合格物語を読んでみてください。今まで知らなかった、他の受験生の進路決定のプロセスを知ることで、視野を広げていってください。それがキミの物語を想起することにつながります。

　では、次のページから、私の教え子たちの物語である合格エントリーシートを一緒に読んで、何が大切なのかをつかみ、身につけるべき考え方・知恵を学んでいきましょう！

　読むことは書くことにつながっています。読み進めていくうちに、キミの受験形態には直接結びつかないと思える項目があるかもしれません。でも、もしかしたら、間接的にどこかでキミの必要な書くべき項目につながっている可能性があります。ですから、ひと通りは、すべて読んでみてくださいね。

# 2
## 自己推薦書とは

　まずは自己推薦書（志望理由書）です。例として、実際に有名私立大学に合格した自己推薦書（以下、「合格自己推薦書」と呼びます）を読みましょう。これをもとに、自己推薦書・志望理由書を書くうえで**身につけるべき考え方**を、確認していきましょう。

> 合格自己推薦書①

　それは突然訪れました。中学２年の○月○日、部活動発表の日のことです。私は幼稚園・小学校・中学校と過ごしてきた、慣れ親しんだ東京を離れ、幼い妹を連れて、母とともに○○の地へと移り住むことになりました。本当に突然のことでした。友達や先生方とも別れを惜しむ間もない、あっという間の出来事。

　そして、私は母子家庭の長女になりました。現代の日本では、離婚はそれほど珍しいことではなく、よくあることとして社会的に認知されているとは思います。しかし、当事者家族として、しかも、その頃、思春期のまっただ中にあった私には、その事実はとても受け入れがたいものでした。ましてや、住んだことのない、誰も知らない土地での生活。

不安を通り越す思い、また、やり場のない怒りを消化できないまま、私は○○での生活を続けました。言葉ではなく、身体が普通ではない反応をしてしまう、そのような経験もしました。私たち姉妹は、宙に浮いた根無し草のように、見知らぬ土地で漂っていました。しかし、母は私たち以上に精神的な動揺・不安感が強く、どうしようもない状態に陥り、カウンセリングを受けたり、福祉関係の方との面談を受けたりするようになりました。今思えば、私はこの時から漠然とではありますが、福祉関係の道と将来の自己像とを重ね合わせ始めていたのかも知れません。家族という小さいながらも一つの社会が壊れてしまい、現代社会を母・娘二人の三人で生き抜いていくということは、経済的にも精神的にもかなり大変な状況です。私はそれを実感をもって語れます。小さな社会が壊れたならば、それを包み込む大きな社会が、セーフティネットの役割を果たさなければ、私たちは生きていけなくなっていたでしょう。

　私は○○大学○○学科で、福祉というものを学問として深く学び、実践力を身につけて、福祉の道を歩いていきたいと強く希望します。そして、もう一度、東京に戻って、中学2年で途切れてしまった東京での私の時間を、再び紡いでいきたいです。

　高校時代は、すべての教科について努力し続けました。あらゆる教科が私を成長させてくれる栄養剤だと考えていました。飛び抜けた才能はありませんが、私には努力する才能があります。それが自分

を推薦する最も大きな理由です。入学後も、努力を積み重ねていく覚
悟があります。

　読後感、どうでしょうか。けっこう胸に訴えるものがありますよね。そして、
どんな人が書いているのか、ある程度想像できるのではないですか？　書
いた人に会ってみて、いろいろと聞きたくなりませんか？　そう、読み手（採
点者）がそんなことを思ってくれれば、自己推薦書や志望理由書は、ほぼ完
成だといえます。読み手にとってのポイントは、自分だけの物語を語っている
かどうかという点にあります。この合格自己推薦書は、「自分だけの物語」を
語っていますよね。だから、読み手は、この文章を読んで、「この生徒に会っ
てみたい」というふうに思ってくれるというわけです。
　では、この文章、どんな過程を経て、出来上がったのか？　キミが知って
おくべき考え方は、どういうことなのか？　説明していきますね。

## 自己推薦書は志望理由書と同類！

　いいですか？　いきなり肝心なことを言いますよ。「自己推薦書」といえど
も、「自己推薦」や「自己アピール」という言葉にこだわりすぎないこと！
　「自己推薦書」と聞いて、「え〜、私（僕）なんて、自信をもって私（僕）ス
ゴいんですよ、なんて人様に自慢できるものなんてないし、特技もないし、こ
れといって何もやってこなかったし、書くことないんだけど…」って思っている

そこのキミ。書くことは、必ずありますよ。

　そうやって、**自分自身を謙虚に捉えている自分そのものを、自分で推薦すればいいのです！**　今読んだ合格自己推薦書①のどこに、特技やスゴさが書かれていますか？　そういう内容など何もないですよね。

　そしてそして、**自己推薦書では、**志望理由書みたいに自分がその**学部・学科を志望する理由を述べても大丈夫**なのですよ。合格自己推薦書①も、内容は志望理由書と何ら変わりないですよね。しかし、ちゃんと合格しています。大学の学部・学科・専攻によっては、自己推薦書について「なぜこの学部・学科・専攻を志望するのか、その理由を含めて自己アピールせよ」なんて、条件つきの自己アピールを求められることも、よくあります。そして、そのような条件がついてなくても、自己推薦書には**志望理由を書いても大丈夫**なのです。では、自己推薦書をどうやって作成していけばよいのでしょうか。

# 志望の熱意のある
# 自分を語る！

　まずは、自己推薦する「自分」と「自分の志望する学科（学部・専攻）」との関係を、次に提示したA～Cの図をもとに考えてみましょう。この図では、「自分」は「自己推薦内容」と同じ、「志望学科」は「学科志望理由」と同じと考えてよいでしょう。

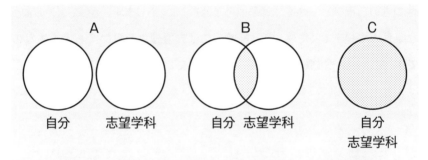

A：自己推薦内容と学科志望理由との重なりが、何もない状態

B：自己推薦内容と学科志望理由の内容に、ある程度重なりがある
　状態

C：自己推薦内容が、志望理由と一致している状態

　受験生の中には、自己推薦書の中身を、Aを前提として考えて、ひたすら自分をアピールしなきゃいけないということで、虚飾に満ちた物語を書き連ねてしまい、自己破綻してしまう人がいます。このような人は、面接の時に面

接官に突っ込まれたらひとたまりもありませんよ。言わずもがな、ウソは絶対書いてはダメ！　そのように破綻する人は、自己推薦書はAのように学科志望理由と関係がないものであると思い込んでいることが多いのです。志望理由書はもちろんのこと、**自己推薦書も、BからCの間で考えればいいの**ですよ。これ、地味だけど、けっこう大切なポイント！

　そして、ここからがさらに大切！　「私、自己アピールするものがないんだけど」っていうゼロからの人は、ひたすらCのつもりで書けばいいのです！つまり、「**その学科を志望する熱意ある自分**」を「**自分で推薦**」すればいいのです！

　もちろん、BでもOKです。Bのように、自分の良さや、やってきたことが、学科志望理由内容と重なるに越したことはありません。

## 入試要項の説明は、先入観なく、文面をそのまま把握しよう！

　合格自己推薦書①は、ある大学に提出したものですが、その大学の実際の入試要項を開いてみると、「自己推薦書」の項目に、記述内容についての説明があります。そのまま載せますね。

　　　自己推薦書は、「志望動機」「学力学業成績以外の卓越した能力」「課外、社会活動の実績」「特技」など記述し、自己を推薦する内容であるもの。

　ここに挙げられた項目のすべてを満たさなければいけないと、まじめに考えてしまうそこのキミ。そんな必要はまったくないし、項目すべてを満たす形で書くと、かえって総花的な焦点のぼやけた内容になってしまい、何が言いたいのか、ポイントが不明瞭になります。下手をすれば、書類審査で落とされてしまいます。

　では、この説明をシンプルな形に置き換えてみますね。「自己推薦書は、A・B・C・Dなどを記述し、自己を推薦する内容であるもの」となります。**入試要項は、A・B・C・Dのすべてを書け、などと述べているわけではないのですよ。説明の文面そのものを注意深く読んで、先入観で勝手な解釈をしないように注意しましょう！**　この説明の場合、大切な事柄を最初にもってくるのが

人間の心理だとすると、「A」の事柄が大事かな、ぐらいに考えるとよいでしょう。

　そこで、Aを中心にして、説明の文をまとめてみましょう。そうすると、「**志望動機などを記述し、自己を推薦する内容であるもの**」となりますよね。つまり、合格自己推薦書①のように、志望理由を中心にした内容でもまったく問題ないのです。だから、この大学への自己推薦書は、特技がなくても誰でも書けるものだという結論になるわけです。

考え方 4

文章構成は、
「事実→思い→志望学科・志望理由」
で組み立てる

　では次に、「志望学科に対する熱意ある自分」を伝える文章をどのように構成していけばいいのか？　一緒に考えていきましょう。

　ここでは、「**具体**」と「**抽象**」ということについて、考えていきます。

当たり前のことですが、「自分の思い・自分の考え」というのは、突然どこかからやってくるようなものではありません。では、どこから生まれてくるのか？　それは、キミの周りの出来事や自分で体験したことなどからです。人は自他の行為や周囲の状況をもとにして（原因）、何かを思ったり、何らかの考えに至ったりします（結果）。キミの「考え」は、何らかの「具体的な経験や状況」によって導き出されるのですよ。そして、そのような行為を、具体的な事実から抽象化する、といいます。

だから、キミが自己推薦書や志望理由書を書く時には、原因（経験・状況）と結果（考え・思い）の関係に焦点を定めることに集中しましょう！　そうすることが、おのずと文章構成に結びつくのです。さらに、その因果関係（原因と結果）の延長線上に、自分の志望学科をもってくるように意識すれば、文書全体の構成は、思った以上に整っていきます。

| 具体 | ⟶ | 抽象 | ⟶ | 志望学科 |
|---|---|---|---|---|
| 事実・経験 | | 事実・経験から導き出した考え・思い | | 志望学部・学科・専攻の特色・特徴 |

合格自己推薦書①を、 具体 　抽象　 志望学科 で示すと、次のようになります。

　それは突然訪れました。中学2年の○月○日、部活動発表の日のことです。私は幼稚園・小学校・中学校と過ごしてきた、慣れ親しんだ東京を離れ、幼い妹を連れて、母とともに○○の地へと移り住むことになりました。本当に突然のことでした。友達や先生方とも別れを惜しむ間もない、あっという間の出来事。

**具体①**

　そして、私は母子家庭の長女になりました。現代の日本では、離婚はそれほど珍しいことではなく、よくあることとして社会的に認知されているとは思います。しかし、当事者家族として、しかも、その頃、思春期のまっただ中にあった私には、その事実はとても受け入れがたいものでした。ましてや、住んだことのない、誰も知らない土地での生活。不安を通り越す思い、また、やり場のない怒りを消化できないまま、私は○○での生活を続けました。言葉ではなく、身体が普通ではない反応をしてしまう、そのような経験もしました。私たち姉妹は、宙に浮いた根無し草のように、見知らぬ土地で漂っていました。しかし、母は私たち以上に精神的な動揺・不安感が強く、どうしようもない状態に陥り、カウンセリングを受けたり、福祉関係の方との面談を受けたりするようになりました。今思えば、私はこの時から漠然

**抽象①**

**具体②**

**抽象②**

**具体③**

とではありますが、福祉関係の道と将来の自己像とを重ね合わせ始めていたのかも知れません。家族という小さいながらも一つの社会が壊れてしまい、現代社会を母・娘二人で生き抜いていくということは、経済的にも精神的にもかなり大変な状況です。私はそのことについて、実感をもって語れます。小さな社会が壊れたならば、それを包み込む大きな社会が、セーフティネットの役割を果たさなければ、私たちは生きていけなくなっていたでしょう。

抽象③

私は○○大学○○学科で、福祉というものを学問として深く学び、実践力を身につけて、福祉の道を歩いていきたいと強く希望します。そして、もう一度、東京に戻って、中学2年で途切れてしまった東京での私の時間を、再び紡いでいきたい です。

志望学科

高校時代は、すべての教科について努力し続けました。あらゆる教科が私を成長させてくれる栄養剤だと考えていました。飛び抜けた才能はありませんが、私には努力する才能があります。それが自分を推薦する最も大きな理由です。入学後も、努力を積み重ねていく覚悟 があります。

事実 から抱いた 思い が 志望学科 につながる

という流れ、見えてきましたか？

　いいですか？　自己推薦書も志望理由とリンクさせながら、志望に至るキミの物語を語ればそれで十分であって、何も「**特別な私**」を**語る必要はない**ということが理解できましたか？　実は、合格自己推薦書①では、直接的な自己アピールは「私には努力する才能があります。」だけしか書いてないですよ。

## 時間軸の視点で、
## 成長する自分を語り、
## 志望学科へとつなげる

　これから説明する考え方5は、志望理由書や自己推薦書に限らず、ほかの書類や面接においても、とても重要になるものです。まずは、少し別の角度から考えてみたのちに、本題に入ることにしますね。

まず、「花子」という人物のことを、下の図をもとに想像してみてください。

（Ⅰ）　赤ん坊の花子がいる。
　　　　　　↓
（Ⅱ）　小学生の花子になった。
　　　　　　↓
（Ⅲ）　大学生の花子になった。
　　　　　　↓
（Ⅳ）　老婆の花子になった。


　（Ⅰ）の赤ん坊の花子と（Ⅳ）の老婆の花子とでは、見かけや中身はどうなっているでしょうか？　大きく異なっているはずですよね。でも、同一人物の花子であることには変わりないですよね。同じ花子でも、花子を構成している要素は、**時間とともにまったく変わってしまっているのは当然のこと**。

　人も、ものも、必ず変化します。変化しないものはまず存在しないでしょう。そして、**時間とともに変化し続ける**のです。

　キミがもつべき視点、それは、**「時間の視点」、つまり、ものが変化していく過程を実体として捉える**ということです。言い換えると、**（Ⅰ）から（Ⅳ）の変化の過程そのものが花子である**という視点です。

　物事を、空間的・時間的に切り離して見るのではなく、空間的つながり、時間的な流れの中で見るということ。このことこそが、自己推薦書・志望理由書を書く際に、とても大切な考え方なのです。昨日のキミと今日のキミ、1年前のあなたと現在のあなた。違っていて当然です。そして、今のキミと明日のキミ、1年先のキミもきっと今と同じではないでしょう。受験生として過ごす1年。この1年で、心身ともにキミの内身はかなり入れ替わっていることでしょう。

いいですか？　自己推薦書・志望理由書では、**過去から今、今から未来・将来にわたる「変化するキミ」を伝える**ことが大切なのですよ。「変化する自分」をつづることが、志望理由書・自己推薦書そのものだ、といってもよいかと思います。この変化の過程そのものを実体として捉える視点を、これからは**時間軸**と呼ぶことにしますね。

では、**時間軸**を下敷きにして、文章をどう構成するかについてまとめます。合格自己推薦書①は、過去から現在、そして将来という**時間軸**に沿って、しっかりと「**自分**」を書いています。つまり、**自分が時間とともに成長して変わってゆき、それがその学科を志望することへつながった**という、はっきりとした流れを表しています。この書き方は、けっこうオーソドックスなものであり、キミも簡単にマネる（学ぶ）ことのできる方法です。

合格自己推薦書①の構成をまとめると次のようになります。

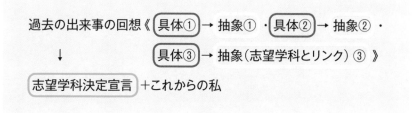

文章構成は読み手を意識することが大切！　どういうことか？　それは、**キミの物語に相手を引き込んでいく書き方が必要だということ。**読み手（採点者）はキミ以外の人の自己推薦書・志望理由書もたくさん読むわけです。キミの物語を、ほかの人の物語よりも興味をもって読んでもらうために、「自分の体験（具体）と、その体験から生まれた思いや考え（抽象）」をどんな順番で書くかが、大切になってきます。時間軸に沿って自分の成長を語る構成は、読み手をひきつける書き方の一つといえます。

# 3

## 何を伝えるのか

　「2. 自己推薦書とは」では、実際の合格自己推薦書を取り上げて、基本的な考え方を示しました。ここでは、自己推薦書・志望理由書において、相手に「**伝える内容**」を中心にして説明していきます。

　まずは、首都圏にある有名女子大学の合格自己推薦書を、一緒に読んでいきましょう。自己推薦書の内容では、「**壁を乗り越える**」ということが大切な要素です。これについては、あとの考え方7で詳しく説明します。次の合格自己推薦書の◯は壁、　　はその壁を乗り越えようとしたことや、今後乗り越えるべき道のり、◯は志望大学に関する内容です。

〈課題〉

「本学を志望する理由、自己のアピールポイント、今までに力を入れてきたことがら」について、1500字以上1800字以下で記しなさい。

私は幼少時より、フィギュアスケートに打ち込んできました。しかしながら、高校1年生の時に大きなけがに見舞われ、10年間休むことなく継続してきたフィギュアスケートの道を断念しなければならない事態となりました。ほとんど生活の一部となっていたスポーツを続けられなくなった時の虚しさ・絶望感。当時の思いは、立ち直った今も心に刻まれています。目標を失った人間は、やはり後ろ向きになってしまう、そのことを実感しました。

そのような生活の中で私が出合ったもの、それは「英会話」です。英語を学び、英語圏で生活する人と交流することがとても楽しく、スケートのことを忘れ、熱中する ことができました。しかし、そのような楽しい交流の中でも、大きな「壁」が私の目の前に立ちはだかりました。その「壁」とは、英語圏で生活する人々とのものではなく、私自身のもつ「日本人としての壁」です。

ある程度の会話力がついてからは、外国の人々から、「これについては、日本ではどうなの。」と聞かれることが多くなりました。その時、その質問に答えることのできない自分がそこにいました。日本人である私が、日本について説明できる何ものも持ち合わせていないことに気づかされました。

壁

壁を乗り越える

一章 自己推薦書を知る

外国の人との交流によって、日本に住み日本の文化・生活習慣の中に生きている自分自身を、初めて発見することができたのです。外国語を学ぶことは、母国を見つめ直すことだということを知りました。それと同時に、外国では日本についてどのような印象をもっているのか、文化・生活習慣は日本とどのような点で異なるのか、自分の目で見て、肌で触れて実感したいと思い、高校2年生の時に1年間アメリカ留学をしました。

　留学先では、日本や日本語は浸透しておらず、数か所の大学においてのみ日本語について学べるというのが現状でした。そして、日本にいる時に感じた以上に、自分の母国に対する認識のなさを痛感させられました。外国に暮らすことによって初めて、遠く離れた母国に対する認識を深めることができました。この経験が、私を「日本語教師」の道へと誘いました。

　私はなんとしてでも「日本語教師」になりたく強く希望しています。英語というコミュニケーションの手段を用いて、母国語を、文化を、習慣を、日本人を、その良さを、世界に広め伝えることのできる「日本語教師」になりたい です。

　自分の目標を実現するためには、どのような大学に進学することが良いのかということを、夏休みを利用して考え続

けました。いくつかの大学のオープンキャンパスに参加させ
ていただき、また、パンフレットやシラバスなどを拝見させ
ていただきました。そして私は、○○大学の少人数教育や
留学サポート・就職サポートの充実度が他に抜きんでてい
ること、立地条件を含めた施設の素晴らしさに、大いなる
魅力を感じました。また、何よりも副専攻課程にある日本
語教員の資格取得は、目標実現のための第一歩となること
を確信しています。4年次に実施される日本語教育実習は、
私にとって今から胸が躍るほどの大きな魅力です。私は中
学・高校と○○の○○で学んできました。○○を建学の精
神とする学校で過ごすうちに、おのずとその精神が私の血
となり肉となっているのではないかと思います。そのことも○
○大学○○学科の志望へと私を導いたと感じずにはいら
れません。

　もし貴学で学ばせていただくことができたならば、入学
後はまず、日本の古典文学、近代文学の知識の幅を広め、
そして深めていきたいと考えています。国際化が進む現代
ですが、日本が他国の文化や言語に依存する方向ではなく、
日本の伝統的な文化や言語を世界に知ってもらうことが大
切だと思います。日本語教師を目指す私にとって必要な
こと、それは自分を知ること、日本人である自分、伝統の中
で育まれた自分を知ることだと考えます。そのためにはまず

志望
大学

「日本」を学びたいです。目標実現のために足元から努力
を積み上げる決意があります。

今回の合格自己推薦書②も、自分の「物語」を語っていますよね。そして、
内容が①よりもさらに具体的だと思いませんか。ポイントは、要求字数です。
では、くわしく見ていきましょう。

## 字数の要求が多い場合ほど
## 具体性が必要

この合格自己推薦書②での要求字数は1500〜1800字です。書くべき字
数が多いので、その時その時の思いを単発的に書くのではなく、**具体的な経
験や事実をたくさん述べる必要がある**のです。自分の思いを、そのベースと
なる事実等なしに単独で述べても、その思いは相手に伝わりませんよ。

特に、**800字以上の字数を要求された場合は、より多くの具体的な事実
を述べる**ように心がける必要があります。その時々の思いを単独で述べるこ
とはできるだけ少なくして、**抽象化した自分の考えをできるだけ詳しく相手
に伝える**ように意識しましょう。

「がんばります」「誰よりもやる気があります」「この学科が一番です」などの、
その時その時の思いの羅列を、採点者は嫌います。抽象的な考え・思いを、
どのような具体的な経験から導き出したのか？　その道筋を知りたいのです。

3　何を伝えるのか

採点者は体験から導き出された抽象的な思考は好みますが、受験生の単なる思いの羅列や、事実に裏づけされていない文章、実感を伴わない文章は、冷たくあしらわれます。

　総合・推薦入試は、受験生の「ポテンシャルを見る」なんてことが、よくあちらこちらで言われています。この「ポテンシャル」の正体は何かといえば、「具体的な経験から抽象的な思考を導き出す力」のこと。だから、いろいろな体験をもとに、一つの考えを導き出した、という経験を語らせるために、相手はたくさん書かせるのですよ。

　合格自己推薦書②では、留学先で日本についていろいろ聞かれた時に、「何も答えられなかった事実・経験」が語られていますよね。そして、その時の「困った」「辛かった」「惨めだった」「焦った」などの思いを単に羅列してはいません。書き手が事実や自らの経験から導き出したもの、それは「母国についての認識を深めることの必要性」や「自分の生まれ育った国の歴史や文化などについて理解し、他国の人たちに伝えていくことの大切さ」という「考え」です。

# 具体性に大切なアイテムは「壁」！

　具体性が大切だと述べました。では、具体的に何を伝えるのか？

　合格自己推薦書②のグレーで示した箇所「高校1年生の時に大きなけがに見舞われ、10年間休むことなく継続してきたフィギアスケートの道を断念しなければならない事態」や「ある程度の会話力がついてからは、外国の人々から、『これについては、日本ではどうなの。』と聞かれることが多くなりました。その時、その質問に答えることのできない自分」などと、黄色で示した箇所「日本にいる時に感じた以上に、自分の母国に対する認識のなさを痛感させられました」などに注目してください。

　これらは、**具体的に何を伝えているでしょうか？**　それは「**自分の前に立ちはだかる壁**」です。これこそが、自己推薦書・志望理由書にとって、とても大切なアイテムなのです。実は、自己推薦書や志望理由書のオリジナリティは、「**キミにしか語れない失敗や挫折**」をいかに上手に伝えられるかどうかで決まるのです。そして、さらに大切なことは、「**その壁をどうやって乗り越えたか？**」あるいは「**どうやって乗り越えようとしているのか？**」ということの具体的な記述です。読み手に一番に伝えるべきポイント、それは「**壁を乗り越えた私**」、あるいは「**乗り越えようとしている私**」、なのですよ。

　合格自己推薦書①も、実は「壁を乗り越えた自分」を伝えていますよ。もう一度、振り返って読んでみてくださいね。

「私、今まで壁がなかった」という人、そんな人はあまりいないと思いますが、もしもいたら、今後、「壁」を見つけようと意識したり、積極的に「壁」に出合ったりしてください。そしてそれを具体的に乗り越えようとしてくださいね。

## 結果だけ自慢するのは
## NG

まだ二つの合格自己推薦書しか紹介していませんが、書くためのポイントが少し見えてきましたか？　ここではもう一つの大切なポイントを示しましょう！　自己推薦書・志望理由書では、してはいけない禁忌事項があることを

知っていますか？　それは「**自分がただ何かに参加したこと、自分が勝った こと、何かの資格を取ったこと、何かに受かったこと、それのみを取り立て て記述する**」ことです。

　読み手は、決してキミの自慢の「結果」を知りたいのではありません。むし ろ、そんなものは知りたくもありません。もしも知りたいならば、あらかじめそ れを募集の基準に示すはずですから。読み手が望んでいないことを書くこと はやめましょう。

　もちろん、壁を乗り越えた結果、手にした何かがあれば、それを記述する のは構いません。ですが、そこを面接で聞かれた時に困らないようにしてお きましょう。

## 考え方 9　伝えることは、アクションまでのプロセス

　では、読み手は何を知りたいのか？

　それは、「何を考え、何に取り組み、どのようなアクションを起こしたか」。つまり、キミの生きてきたプロセスを知りたいのですよ。伝えるべきこと、それはキミの「結果」ではなく、キミが生きてきた生々しいプロセスなのです。

　合格自己推薦書②では、「外国語を学ぶことは、母国を見つめ直すことだということを知り……同時に、外国では日本についてどのような印象をもっているのか、文化・生活習慣は日本とどのような点で異なるのか、自分の目で見て、肌で触れて実感したいと思い、高校2年生の時に1年間アメリカ留学を……」などの、思考のプロセスや、アクションを起こすまでのプロセスが語られていますよね。読み手は、それを知りたがっているのです。

　これは、考え方 5「時間軸の視点で成長する自分を語り、志望学科へとつなげる」につながることなのです。

## 志望の熱意には具体性をもたせる

　もう一つ、読み手の知りたがっていること＝伝えるべきことを挙げますね。
それはキミの「志望学科への興味・関心」は本物かどうかということ。では、
本物かどうかを証明するにはどうすればよいのでしょう？　具体的なことは
挙げずに、ただただ熱意だけを語っても意味がないのです。志望学科への
興味・関心を、具体的な事実や経験を絡めながら熱意をもって語るというこ
とが一つのポイントです。

　合格自己推薦書②を振り返ってみましょう。

志望学科

「パンフレットやシラバスなどを拝見させていただきました。そして私は、○
○大学の少人数教育や留学サポート・就職サポートの充実度が他に抜きんで
ていること、立地条件を含めた施設の素晴らしさに、大いなる魅力」

「何よりも副専攻課程にある日本語教員の資格取得は、目標実現のための
第一歩となることを確信しています。4年次に実施される日本語教育実習は、
私にとって今から胸が躍るほどの大きな魅力」

　思い

「入学後はまず、日本の古典文学、近代文学の知識の幅を広め、そして深め
ていきたい……、日本が他国の文化や言語に依存する方向ではなく、日本
の伝統的な文化や言語を世界に知ってもらうことが大切だ」

どうでしょうか。志望大学・志望学科のどんなところに魅力を感じ、どんなことをしたいかなどを具体的に示しながら、興味・関心を伝えていますよね。このような書き方は、キミが実際に書いていくときの参考になるはずです。

## 過去の経験から今の自分を語り、将来の可能性＝志望理由を伝える

「3. 何を伝えるのか」では考え方6〜10を見てきましたが、これらを踏まえて、自分の自己推薦書の内容をどう考えていけばよいか、考えていきましょう。

考え方7では、自己推薦書・志望理由書においてとても大切なアイテムは、「壁」だと説明しました。「壁」とは、「失敗」や「一見マイナスに思える経験」などに言い換えてもよいでしょう。もっと簡潔に言えば、キミに訪れた「課題」ということです。その課題において「何を学んだか」「どんなアクションを起こしたか」を、キミの時間軸で振り返ることがポイントです。読み手（採点

者）はそれを知りたがっています。

　なぜ知りたがっているのでしょうか？　理由は、「自分で課題を発見し、アクションを起こす」という行為と、「大学での学び」が、実は、類似しているからです。入学後も真剣に学ぶ姿勢がある人物かどうかを、読み手は知りたいのです。だからこそ、キミの「**どのように考え、どのように取り組み、どのように行動したか**」というプロセスを確認したいのです（**考え方9**のことですね）。

　よって、壁について、a. **原因**〈なぜ、うまくいかなかったのか〉、b. **解決策**〈どうしたら解決するのか〉、c. **行動**〈解決すべくどのようにアクションを起こす（起こした）か〉の３つの要素を、自分なりに読み手に示しましょう。そして、そのプロセスを通った今の自分がどうなのかを語りましょう。

　時間軸に沿って、**過去のキミ（過去の経験）を使って、今のキミの思いを語ること**、それが、第１ステップです。

　そして、第２ステップは、キミの時間軸に沿って、**キミの将来の可能性を読み手に伝えること**です。「将来の可能性」とは、今のキミがこの先何をしたいと思っているのか、ということです。そして、それが志望理由と重なっている必要があります。

　**「壁」をクリアした過去の経験、あるいは「壁」をクリアしようとしている今のキミ自身**をもとに、《**将来のキミの可能性**（この先したいこと）＝**キミの志望理由**》の関係を提示すること、それが、第２ステップの大切なポイントです。

　こうしたことを念頭に置いて、合格自己推薦書②の　　と◯の箇所を、もう一度読んでみてください。

**「人に語れる実績や活動が何もない」
というキミへ**

　ここまで読んできて、自分には特別人に語れる過去も、実績もないという
キミ。大丈夫、ない実績は作り出せばよいのです。

　自己推薦書・志望理由書をまだ提出していないのなら、今からでも遅くあ
りません。**志望する学部・学科につながりそうな活動に、今から取り組めば
よいのです。**ボランティアでも、誰かに話を聞きにいくのでも、何でもかまい
ません。何をしたらいいかわからない時は、周りに相談してみましょう。

　とにかく、「**自ら考えて、アクションを起こした**」という事実が大事なので
す。

　本書を読んだ今日から、早速動き出しましょう！

# 4
# アドミッションポリシーを読み解く

　ここでは、国公立大学における難関総合入試（旧AO入試）を紹介します。

　取り上げる大学は首都圏の国公立大学。この大学のエントリーシートには、数ある大学の総合入試の中でも複雑な要素があります。ですが、実際の合格エントリーシートを読み、そこから必要な考え方を学ぶ（知恵を身につける）ことが、キミのエントリーシート作成においても必ず役に立ちますよ。

　また、「難関」「複雑」といっても、必要なのは、たった二つのこと。入試要項（入試についての説明書）の**アドミッションポリシー（AP）を読み解く力**と、**書類を書くための考え方**、これだけです。

　アドミッションポリシー（AP）とは、「入学者受け入れ方針」などとも言われますが、つまりは、その大学がどんな人物に入学してほしいかを示したもののことです。

　エントリーシート作成に必要なのが上記の二つだけということは、つまり、知識の積み上げや学習スキルを必要としないということ。**良質の合格エントリーシートに数多く触れ、書くための考え方を身につける**ことこそが、合格への近道なのです。

## 最難関の総合入試を突破できれば、どんな入試も怖くない

　それでは、どうすれば難関大学にも太刀打ちできるようになるのでしょうか？　国公立大学の総合入試への対策について、合格体験記を読みながら入試までの道のりを説明していきますね。国公立大学だけでなく、難関私立大学も似たような道のりをたどりますよ。

国公立大学総合入試
（旧AO入試）生徒合格体験記

　私は、○○大学○○学部○○学科○○学系に総合入試で合格することができました。私は、（中略）大学は絶対に国公立大学へ行くと決めていました。そして、私がまちづくりや、社会問題の解決を学びたいと思ったのは高2の春から夏にかけてでした。少子高齢化や介護の問題などをニュースで見る度に、それをなんとか解決したいと思っていました。また、私は○○市に住んでいるのですが、シャッター街があったり高齢者がとても多かったりで、○○市を元気にしたいとも思っていました。だから私は、**まちづくりや、社会問題の解決法を学べる学部に行こう❶**と決めました。

　**私が○○大学に決めたのは、高3の6月❷**です。それまでは、「家から通えるし国公立だし」ということで、正直行きたいと思ったわけでもない他の大学を第1志望にしていました。私は教育学部ではなくて

も教員免許は取得したいと思っていました。しかし、(中略)、第2志望の大学を探すつもりで、**家にあるパンフレットを片っ端から見ました❸**。高1のころから (中略) パンフレットは何でももらっていたので、かなりたくさんのパンフレットが家にありました。そこで**まちづくりや社会問題、環境問題が学べる〇〇大学に興味をもちました❹**。

　偶然にも、私が〇〇大学と出会った直後に**プレオープンキャンパス❺**がありました。「プレ」だったので (中略) 普段と同じような学生の姿を見ることができました。(中略) 堂々と話している姿を見て憧れたこともあり、絶対この大学に入りたいと思いました。それから私は併願校を考えたくないほど〇〇大学に行きたい (中略)。

　私は一般入試しか考えていませんでしたが、〇〇大学にはAO入試があるということを知り、1回でもチャンスが増えるなら受けたいと思ってAO入試に挑戦することにしました。**1次試験は志望理由書などの書類審査で、志望理由書は2種類❻**に分かれていました。内容は「今まで自分がやってきた活動や取り組みで評価できるもので、将来の目標につながるもの（概要1)」と、「志望理由・入学後の目標（概要2)」の2種類で、それぞれA4の用紙2枚ずつ、合計4枚、字数にすると全部で4800字以上はありました。私は高3まで〇〇部に所属し、部活中心の生活を送っていて、部活を理由にボランティアなどの活動をやっていませんでした。だから部活以外の自分の活動で評価できるものが何もありませんでした。そこで、書類を書く以前に、

まずボランティアをする❼ことから始めました。

　私は夏祭りの運営に関わりたかったのですが、ボランティアの募集がなかったので、自分で市役所に電話をしてボランティアの提案をして受け入れてもらい、地元のお祭りのボランティアをしました❽。志望理由書は出願の1か月前から❾書き始めました。私は初めは志望動機が曖昧で明確ではなかったので、母と何時間も対話をして頭の中を整理しました。志望理由書の中でも「今まで自分がやってきた活動や取り組みで評価できるもの」を書くとき、先生に「活動」と「取り組み」は違うものだと指摘を受け、私は入試要項を適当に読んでいたな、甘かったなと思い、入試要項を何回も、念入りに読みました❿。入試要項に書いてある内容の中でも特に、「求める学生像」や「重要視する能力」という項目はそれに合致するよう意識して書きました。また、興味のある教授の授業については（中略）シラバスを見ました。

　出願が8月30日からだったので夏休みから志望理由書を書き始めました⓫。あくまでも一般入試を考えていた私は、（中略）志望理由書は夏休み（中略）なんとか書き上げることができました。

　2次試験は10分間のプレゼンテーションと20分間の面接で（中略）。

　合格発表は進路指導室で先生と、大学のホームページで見ました。私は受かっている気がしなかったので、期待もせずに並んでいる番号の中から自分の番号を探しました。自分の番号を見つけたときは

信じられなくて泣いて座り込んでしまいました。

では、この合格体験記中の❶～⓫に沿って、国公立大学の総合入試について説明していきますね。

❶　まずは、「大学で学びたいこと」が確定して初めて、国公立大学総合入試スタートになるということ、それを肝に銘じてください！　学びたいことが決まっていれば、キミはかなり合格に近づいた位置にいる、と考えてもらって結構。

❷　対象大学決定は、高3の6月とあります。かなり遅いようですが、これでも準備が間に合う国公立大学がたくさんあるということです。とにかく❶が大切なのですね。大学で「学びたいこと」がすべての始まりであり、結論でもあります。

❸　次に、大学・学部・学科・専攻の特徴について情報収集する必要があります。大学のパンフレットなど、その大学から直接リリースされる情報を収集して考えることが大切です。

❹❺　キミの「学びたいこと」とマッチングする大学が見つかれば、いよいよ準備開始です。

❻　大学・学部によっては、1次・2次という2段階選抜になっていたり、3段階になっていたりします。当然、書類審査ではねられることもあります。だからエントリーシートが何よりも大事なのですよ。

❼　この受験生は、書類に記載できる活動歴が何もありませんでした。だから夏休みからそれを行ったのです。付け焼き刃的な感じも否めませんが、

逆にその付け焼き刃感を利用して、リアルタイムの積極的かつ具体的な行動として書類作成をしました。さらに2次試験（プレゼンテーションと面接）では、その夏休みのボランティア活動体験をプレゼン（発表）に活用しました。

❽　高校生のボランティア活動は、どこかの依頼や告知をもとに行うのが通常です。「自分で」地域のボランティア活動をさせてほしい、と頼み込んで、実際の活動につなげていく姿勢は、それだけでも高い評価を得られるはずです。まさに自らアクションを起こしています。しかも3年の夏休みですよ。災い転じて…、のパターン。

❾⓫ 書類作成に1か月ほど費やすのも、大切なことです。努力を惜しまずに何度も文章を書き直して、納得のいくものをつくり上げましょう。**書き直すポイントは、これまでに提示した**考え方 **1～11**や、これから提示していくその他の考え方をもとにチェックすること、にあります。これについては、「Ⅱ章　物語をつくる」で詳しく説明します。

❿　入試要項の読み取りについては、アドミッションポリシーを中心に、このあとで詳しく説明します。要項の説明は何気ない指示に思える文面ですが、総合入試ではこの要項で示される**相手の求める内容に的確に応える力があるかどうか**試されるのですよ。課題に対する的外れな書類は選別されてしまいます。**入試要項の読み取りがクリアできれば、エントリーシートは簡単に完成します。**

　国公立大学に対して、大学名を念頭に進学先を考える人も多いかと思います。ただ、❶や❹❻で見たように、総合入試の場合は、絶対に「**自分のしたいことができる**」学部・学科・専攻という視点で進学先を決めてください。

そうでなければ、総合入試で合格できる可能性はほとんどないと言ってもいいかと思います。逆にどうしても行きたいと思う学科であれば、**難関である国公立大学の総合入試を突破できる可能性は、飛躍的に高まりますよ。**

## アドミッションポリシーを正しく読み取る方法

では次に、大学から提示される**総合入試の要項（説明書）**を抜粋して提示しますね。入試要項にどのようなことが書かれているかを知ることも大切ですよ。要項の中に掲げられているアドミッションポリシー（AP）とは、つまり「求める学生像、入学者に望む能力」のことです。これも、実は、君の前に立ちはだかる「壁」なのです。APを読み取ることは、すなわち、壁を乗り越えることにつながるのです。よって、総合入試や推薦入試においては、一般受験以上に、**入試要項のしっかりとした読み取りが必要です。**

それでは、実際の入試要項（抜粋）を例に、最大のポイントであるアドミッションポリシー（AP）を中心に見てみましょう。

入試要項
趣旨

総合型選抜は、○○大学○○学部での勉学を強く希望する人を対象とした「自己推薦」による入試です。高等学校卒業予定者や既卒者、高等学校を卒業してから何年か社会で活躍した人など、大学入学資格をもつ人を広く対象としています。

入学時に一定の学力（特に本学では英語を重視）があることは当

然求められますが、この総合型選抜では一般の学力試験を実施しません。学力試験だけでは評価できない、多様な個性、能力、資質や適性について審査し、意欲ある学生を選抜します。

**1** **各自の関心のある分野**において主体的に課題に取り組み、論理的に思考する経験を積んでいる人

**2** **入学後の目的と構想が明確である人**

**3** 本学の教育方針である「**実践的な教養教育**」によってそれぞれの基礎能力や実践的能力にさらに磨きをかけたい人

**4** 文系では**文化や社会事象**について旺盛な好奇心をもっている人

**5** 理系では**自然科学全般**に強い興味をもち、次世代の科学・技術を創造したいという意欲のある人

第1次選考の書類審査と第2次選考の面接（発表＝プレゼンテーション、質疑等）では、以下の点を重視して評価します。

**1** これまでの活動や取り組みを通して、自ら問題や課題を見つけ、自ら学び、自ら考え、主体的に判断して行動する能力（問題発見・問題解決能力）を問います。取り組みや行動の結果だけでなく、

結果に至る「過程」や行動の「意義」も重視します。

**2** 入学後に、何を、どう学びたいかの明確な目標があるか。また、その目標を実現するための十分な能力と意欲があるか（目標設定能力）を問います。目標はこれまでの経験や成果を踏まえた上で設定してください。

**3** 活動や取り組みの内容や入学後の目標を、明確に筋道を立てて説明する能力（表現力・論理的な思考力）を問います。


読みながら、途中でうんざりした人、いますか？

そうですよね。うんざりするような説明の仕方、お役所の書類っぽい文章ですよね。でも、うんざりするという感想だけで終わってはいけません。そこからもう一歩進んで考えてみてください。パズルを解くような感覚で、この複雑な文章から、書くための手がかりを探していきましょう。


それでは、入試要項で特に重要なアドミッションポリシー（AP）の読み取り方について、説明していきますね。

## 考え方 12　APの的を射るためには、APそのものの正しい理解が必要！

　国公立大学においては、文部科学省より、各大学のアドミッションポリシー（AP）を掲げることが義務づけられています。私立大学でも受験生にAPを提示する大学が増えています。

　**アドミッションポリシー（AP）とは、大学が求める受験生の人物像のこと**です。ですから、先ほどの入試要項では、〈求める学生像〉が何よりも大切だということ、なのですよ！

　国公立大学の総合入試においては、このAPを前提にして入試が行われるので、キミが受けようとする時は、その**大学・学部・学科のAPをきちんと把握することが第1段階の大切な準備**になります。APの把握なくして、志望理由書や自己推薦書などの書類を完成させることは不可能であり、たとえ書いたとしても、ムダな行為となります。**相手の求める的（AP）を外さずに射る（書く）**、それが、まずキミには必要なのです。

先ほどの要項では、〈趣旨→求める学生像→選考で重視する能力〉という流れで提示されていますね。まず、〈趣旨〉を読んでみて、わかることは何でしょう？　そう、現役の高校3年生だけでなく、**社会人からも募っている**ということですよね。つまり、**評定などの学業成績の数値は関係ない**ということです。

　ただし、入試要項の「出願要件」（今回省略）には、英語の資格基準が示されている場合などがあるので、注意してください。

## 考え方 13　APの内容を抽象化し、「的」を捉える！

　次に、〈**求める学生像**〉を見ていきましょう。これこそがアドミッションポリシー（**AP**）です。つまり、ここを分析・読解することがすべての始まりなのです。

　大学は、ここで受験生をふるいにかけようとしているのですよ。どうすればいいのでしょう？　必要なのは「**読み解く力と考え方**」だということは、すでに述べましたが、それは何かといえば、実は**抽象化する力**のことなのです。

　大学がキミに求めているものの一つは、キミの**モチベーション**、つまり、「大学入ってもがんばるぞ〜！」という**やる気**。もう一つは、キミの**読み解いて考える力**です。それを大学側はキミのポテンシャル（潜在能力）として捉えます。大学が求めるポテンシャルとは何か。「**具体的に提示されたものを抽象化する秘められた力**」のことなのです。

　では、この**抽象化**について、ここで考えてみましょう！

◎突然ですが問題です。

　　花子さんは、遠足の日、ママにおにぎりを作ってもらいました。

　　でも、花子さんは、そのおにぎりが少し小さくて気に入りません。

　　では、花子さんのおにぎりを大きくするには、どうしたらいいです

　か？　　ただし、そのおにぎりに何かを足したり、ふやかしたりする

　など、おにぎり自体に、何らかの加工をしてはいけません。


＊ヒント…下線部の意味をとらえましょう！

　　花子さんのおにぎりより小さいおにぎりを作って、横に置く。


なぁ〜んだ、って思ったキミ。もう一度、ヒントに戻って考えてください。

　下線部の「何らかの加工をしてはいけません」という条件は、「物理的に

手を加えてはいけない」ということを、教えてくれていますよ。物理的にどう

こうできない、つまり同じ状態のまま、大きくするとはどういうことか。

　物理的なやり方がだめなら、そのおにぎりを**物理的ではない別の切り口**

で考えるしかないということです。そうして導き出される切り口が「比較」で

す。そのことに気づくかどうかです。結局、そのおにぎりを「大きく」するには、

それよりも小さなものを持ってきて、比較するしかないでしょう。

　「ガリバー旅行記」を読んだことがありますか。ガリバーは、小人の国へ行

けば巨人だと思われ、巨人の国へ行けば小人扱いされましたよね。つまり、

どういうことか？　人は頭の中で物事を比較して、考えていることが多いということ！

　そして、物事を**比較すること**は、**抽象化することの一つ**なのですよ。また、いくつかの**物事を比較すること**は、全体をよく比べてなんらかの**抽象化の基準を見つけること**でもあります。要するに、**こうした力こそが、大学が受験生に求めるポテンシャル**なのですよ。


　では、例に挙げた国公立大学のAP〈求める学生像〉に戻りましょう。**1～5**の項目立てになっていますよね。キミは、これを読む時に何をすればいいでしょう？　そう、**抽象化するんです**。5つの項目を比較して〈求める学生像〉の基準を見つけるのですよ。

　この5項目は、それぞれ**独立した別々の項目ではない**ということに、キミは気がつきましたか？　つまり、**1～5**の内容は、互いに関連し合っているということ！　そのことに気づけば、しめたもの。下の図のように考えられます。


**1** 関心のある分野 ＝ **2** 入学後の目的と構想 ＝ **3** 実践的な教養

＝ **4** 文化や社会事象
　**5** 自然科学全般


　この大学は、どんな受験生を求めているのか？　まとめてみます。

強く関心のある分野をもつ受験生　**1**

＝

文化や社会事象〈あるいは自然科学全般〉に関係　**4·5**

⇧

その分野の学習を入学後の目的にする受験生　**2**

その分野の学習の構想を立てる受験生　**2**

＝

実践的な教養を身につける意欲の　　　**3**

高い受験生

　強く「関心のある分野」があり、その分野は「文化や社会事象〈あるいは自然科学全般〉」に関わるものであって、その分野の学習を「入学後の目的」として、「構想」を立てて、より「実践的な教養」を身につけようとする意欲の高い人！

　こういう受験生を大学側は求めているということ、これがAPの「的」であり、抽象化した視点です！

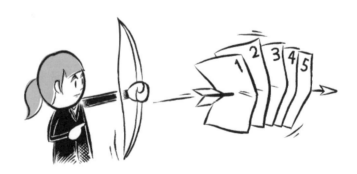

## 考え方 14　読解・分析したAPに、自分自身を照らし合わせる

　では、アドミッションポリシー（AP）の「的」に矢を放ちましょう！　ここでいう「矢を放つ」とは、「自問する」ということです。APの内容に自分自身を照らし合わせて、求められている人物像に自分がどのように重なるかを具体的に探すのです。では、APに基づく次の問いを、自らに問うてみましょう！

❶自分が、最も関心のある分野は？
❷その分野は、**文化や社会事象**または**自然科学**のいずれに含まれるものか？
❸その分野は、大学のどのようなカリキュラムと関わりをもつものなのか？
❹その分野でどのような実践を積み、どのような能力を高めたいのか？

　実は、この❶～❹についての回答を箇条書きできれば、合格も決して夢物語ではないのですよ！　そして、この中で一番のポイントは何か？　それは❶です。❶の「最も関心のある分野」がキミの中になければいけません。そして、その❶が、❸の「志望大学のカリキュラム」に組み込まれていて、実際にアクションを起こせる、つまり大学で学習やフィールドワークができるものでなければなりません。APの的を射るには、❶と❸の両方を満たすことが必要になるのです。

# 5

# 入試要項を
# 踏まえて書く

　それでは、先ほどの❶と❸「関心のある分野」が「志望大学のカリキュラムにある」ということを満たして、見事合格した自己推薦書を提示しますね。例に挙げた国公立大学の入試要項は、自己推薦書について、下の〈概要1〉〈概要2〉のように、2種類に分けて書くことを要求しています。

> 入試要項
> 自己推薦書　概要1

　「これまでの活動や取り組みで自己評価できるもの」について、その内容、動機や目的、方法、結果、意義などをできるだけ具体的に記してください。〈概要2〉に結びつく内容であることが求められます。（中略）入学後の目標や希望をここに記述しないこと。目標や希望等は〈概要2〉として分離して作成してください。

> 入試要項
> 自己推薦書　概要2

　〈概要1〉の続編になります。志望した動機や理由を記すとともに、

〈概要1〉の内容を踏まえて、入学後の目標や希望、それを実現するための構想をできるだけ具体的に記してください。「大学案内」だけでなく様々な参考資料などを参照して、内容を深められることが求められます。（後略）

　大学は、自己推薦書の一つを〈概要1〉として、「これまでの活動や取り組みで自己評価できるもの」について、その 内容 動機や目的 方法 結果 意義 などを具体的に述べることを要求しています。さらに、それが、もう一つの自己推薦書である〈概要2〉に結びつく内容であることを求めています。〈概要2〉は〈概要1〉の続編として、志望した動機や理由を記すとともに、〈概要1〉の内容を踏まえて、**入学後の目標や希望、それを実現するための構想をできるだけ具体的に記す**ことを求めています。

　なんだか複雑で、面倒に感じるかもしれませんね。でも実は、この事細かな要求が、アドミッションポリシー（**AP**）の的を射るためのやり方を具体的に教えてくれているのですよ。キミがこの大学を受験しなくても、この自己推薦書の書き方は、**他大学の志望理由書や自己推薦書など**にも活用できます。では、説明していきますね。

まずは、〈概要1〉に対する合格自己推薦書です。

合格自己推薦書
〈概要1〉

動機
目的

　私は○○県の○○市に住んでいます。私はこの町がとても好きです。その理由は、日本一暑い町としても有名ですが、人の温かさはもちろん、ぬくもりを感じるからです。毎朝、学校へ登校するときに近所の方があいさつをしてくださいます。いつもは父が犬の散歩に行くのですが、たまに私が散歩に行くと、犬を見て見ず知らずの方が「今日は娘さんが散歩？」と声をかけてくださいます。昼間には近所の高齢者の方々が集まって世間話をしている姿や、各家庭で採れた野菜をお裾分けしている姿を見ることができます。だから私は、人のつながりがあって温かいこの町がとても好きです。一方、○○市も例外ではなく、日本中共通の問題である少子高齢化がすすんでいる町でもあります。商店街はシャッター街になってしまい活気がありません。公共交通機関は私バスしかなく、買い物にも不自由します。また、高齢者の方が増える一方で病院が遠く、安心して住むことのできる状況ではなくなっています。さらに、私の祖

父は家ではとても生活ができる状態ではなくなってしまい、老人ホームを探しましたが、少し待ってからしか入ることができませんでした。このような状況を見聞きするうちに、私は大人も子どもも安心して住み、働ける町にしたい、元気な町にしたいと強く思い続けるようになりました。しかし、今私に何ができるのかが分かりませんでした。

そのような折、高校2年の冬に、市長と市民とで○○市について語ることのできる座談会というものがあることを知りました。私は、○○市長が、今○○市の抱える高齢化やシャッター街化、人口減少の問題についてどう考えておられるのか、市民の方はどのような思いで暮らしていらっしゃるのか知りたいと思い、座談会に参加しました。座談会では、○○市が大好きでいつまでも○○市に住み続けたい、町を元気にしたいという熱い思いをもった方々とお話しすることができました。そして市長は、「町を元気にするには活発な市民参加、特に若い人の参加が必要だ。」と強く語ってくださいました。座談会に参加して、私はどうしたら市民参加を促せるのかと考えるようになりました。そこで、何かできることはないかと考え、また考えるだけでなくまずは自分が参加すべきだと思うようになりました。そして、できればたくさんの市民の方々と関わりたいと思い、私にとって一番身

活動
内容

方法

5

入試要項を踏まえて書く

近な夏祭りの運営に関わることを決めました。まずインターネットで夏祭りの運営ボランティアを探しましたが自分の住んでいる町では募集などはなく、あったのは遠い町ばかりでした。一度は諦めかけましたが、募集がないなら自ら志願して夏祭りの運営に参加させてもらおうと決意しました。もし参加を断られても可能な範囲で見学させてもらうことをお願いするつもりでした。そして私の住んでいる〇〇市〇〇町の役場へ電話をし、運営代表の方とお話しすることができました。はじめは前向きな返答をいただくことができませんでしたが、私の思いを訴え続けました。すると代表の方は最初とは違い快く受け入れてくださり、私は運営委員会のボランティアとして働かせてもらえることになりました。事前会議を重ねるにつれて私はたくさんの方に参加してもらいたく思い、お祭りの当日まで友人にメールや電話で参加を呼びかけました。また呼びかけるだけでは足りないと思い、町の商店に足を運んでお祭りのポスターを一番人の目につく位置に掲示してもらえるようにお願いしました。会場準備においても会場中をくまなく歩き回りました。そして高い位置に貼ってあった子ども向け企画の掲示物を子どもの目線の高さにすべて貼り直すこともしました。お祭り当日は、私は総合案内係として会場のすべてを把握しようと思い、

お祭り開催時刻の前に会場内を再び歩き回り、会場内の催し物の把握やスロープのある場所などのチェックをしてからお祭りに臨みました。開催中はそのチェックのかいもあり、多くの方々への会場案内が即座にできました。また、それまでの私の行動を評価していただき、メインステージの司会者もやらせていただけました。何百人もの人を目の前にして、はじめはとても緊張しました。もう一人の司会者の方とのかけ合いでは、お客さんを盛り上げる話し方やアドリブが多かったため大変苦労しました。しかし、観客の方々の興奮に圧倒され、いつしか私自身も楽しむことができ、充実感をあじわうことができました。私はボランティアとしての活動を通して、自分で考え積極的に行動することがどれだけ勇気がいることか、また充実していて楽しいものかを知りました。小学生の目線、高齢者の目線、ベビーカーを押す母親の目線で物事を見るということは、このボランティアをしたからこそできるようになったことだと思います。また、市民レベルでの町づくりを提案している○○市民会議の方々から一市民である小学生の子どもたちまで、たくさんの方々と関わることができました。援助しているつもりの自分が逆に援助され助けられているのだということも実感できました。一方で、町の行事に参加している若者が少ないと

結果

5

入試要項を踏まえて書く

いう現実も目の当たりにしました。私が運営に対して積極的に行動している姿を見た高齢者の方が「このように若い人にもっと町のことに参加してほしい」と話されているのを聞き、危機感のようなものも覚えました。

　今回のボランティア活動を通して「まちづくりに積極的に参加することが大切であり、勇気のいることだが楽しく充実していることだということ。支援している自分が実は人から教えられ支援されているのだということ。」を実感しました。市民参加が活発な町をつくっていきたいです。学んだことをさらに活かせるように今後机上の学びも深めていきたいです。

意義

　いかがでしたか。では、この合格自己推薦書をもとに、必要な考え方を見ていきましょう。

## 考え方 15  詳細な要求を満たす記述が必須！

〈概要1〉で求められた要素は「（活動などの） 内容 動機や目的 方法 結果 意義 」でしたね。合格自己推薦書では、まず、 動機や目的 を述べ、次に「 内容 → 方法 → 内容 」を記し、その後に 結果 とその 意義 を述べて、まとめています。すべて具体的ですよね。

このように、**出題者の要求どおりに、それを満たす形で記述すること**、そして、その**内容が具体的であること**が必須です。

## 要求・条件を利用して構成の柱とする！

満たすべき要求がわかっていたとしても、いきなり長くて整った文章は書けませんよね。まずは文章を組み立てるための柱（構成要素）が必要なのです。そして、書類審査をクリアした直後に控えている面接試験においても、その柱に基づいて書いた内容を使うのですよ。よって、**きちんとした柱を自分の中につくっておく必要があるのです**。その柱は、実は簡単！　先ほどの合格自己推薦書〈概要1〉について図式化しますね。

柱4本

**A** 生まれ育った町が好きだけどその町に活気がない（動機）

↓

**B** 町を活性化させたい（目的）

↓

**C** ボランティア作戦（方法・内容）

↓

**D** 参加して見えてきたもの（結果・意義）

〈概要1〉で求められた要素をもとに、柱を立てていることがわかりますか。このように、自己推薦書の構成は、①提示されている要求・条件をもとに柱を考え、②**考え方4**の「事実→思い→志望学科」や**考え方5**の「時間軸」な

どの視点で、その柱をどう並べるかを考えて組み立ててみてください。

　また、入試要項において分析すべきものがもう一つ残っていましたよね。それは、〈選考で重視する能力〉です。そして、その項目の **1** が、自己推薦書の〈概要 1〉とマッチしていることに、キミは気づいたでしょうか？

　**1** のポイントは、「これまでの活動や取り組みを通して、キミの学ぶ力（問題発見・問題解決能力）がどのようなものなのか、結果だけでなく、そのプロセスや取り組みの意義も見る」ということ。評価ポイントは明確ですね。これに合わせて書いたのが、合格自己推薦書〈概要 1〉です。

　そして、〈選考で重視する能力〉の **1** と **3** の、はじめの語句に注意を払ってみましょう。「活動や取り組み」というように、二つの言葉を並立させて、わざわざ分けて書いてあります。ということは、この二つの意味は異なるということですよね。少なくとも出題者は、この二つの言葉を区別して考えていますよ。また、この他にヒントになるものとして、「出願要件」（今回は省略しています）に、「さまざまな活動に積極的に取り組み」というのもあります。意味の違いを捉える手がかりになるはず。説明しますね。

　「活動」とは「活発に動くこと」の意味で、「取り組み」とはここでは「活動の具体的な内容」です。

　具体的に考えましょう。合格自己推薦書〈概要 1〉での「活動」は何ですか？　それは、ボランティア活動に参加するために、積極的にインターネットを使って調べたり、実際に関係者へ電話をかけたり、最後には直接交渉したりすることで、ボランティア活動参加につなげていったということです。これこそが、「活動＝活発に動くこと」ですよね。

　そして、実際のボランティア活動の「取り組み」として、事前会議への参加、

友人への呼びかけ、ポスター掲示の工夫、会場の下見、企画掲示物の貼り直し、メインステージの司会等々、積極的に行っています。これは、「積極的な取り組み」ですよね。

　合格自己推薦書〈概要1〉は、出題者の意図を理解して、その要求に応える形をとっているのです。まさに、的を射ていますよ。「活動」と「取り組み」とを分けて、文章全体をまとめているのです！　まずは、**活発に動くこと（活動）**をし、次に、その活動を積極的な取り組みへとつなげていった、という流れが、はっきりわかるように書かれています。

## 合格自己推薦書とそのポイント〈概要2〉

　では、〈概要2〉に対する合格自己推薦書に進みましょう。まずは〈概要2〉の留意点を振り返ってみますね。

　　〈概要1〉の続編になります。志望した動機や理由を記すとともに、
　　〈概要1〉の内容を踏まえて、入学後の目標や希望、それを実現す
　　るための構想をできるだけ具体的に記してください。「大学案内」
　　だけでなく様々な参考資料などを参照して、内容を深められること
　　が求められます。（後略）


　〈概要2〉では、主に「**入学後の目標や希望、それを実現するための構想**」
を具体的に記すことが求められています。そして、この自己推薦書では「**志
望動機・理由**」を記述するように指示されています。

　この〈概要2〉は、〈**選考で重視する能力**〉の **2** と対応しています。**2** を読
むと、「**どう学びたいのかの明確な目標**」と「**意欲**」があるかを問う、とあり
ます。また、その目標は「**これまでの経験を踏まえた上で設定**」とあります。
つまり、「〈概要1〉の内容を踏まえて」とあるように、〈概要1〉の内容と関連
づける必要がありますよね。

　以上の事柄をどう書くかについては、〈概要2〉では「具体的に」記すこと
が求められています。また、〈**選考で重視する能力**〉の **3** では「**筋道を立て
て説明する**」力を問うとあります。つまり、**筋道を立てて具体的に述べる**こ
とができているかどうかを、チェックするということですね。


　次の合格自己推薦書〈概要2〉は、まずはじめに、いきなり、　大学卒業後
のビジョン　を提示しています。これは**高校時代の経験**を踏まえています。そ

して、そのビジョンを可能にするためには、どのような学びが必要かをそのあとに示しています。その際に、 大学における学びと志望動機 だけでなく、 対象を町全体に広げた学び を対象にしたところが、**具体的であり、思考の深さをアピールする**ポイントになったといえます。

合格自己推薦書
〈概要２〉

　私は将来、できるならば 育った町においてその地域の行政に関わっていきたいと考えています。私の大学卒業後のロードマップは、地方公務員として○○市のまちづくりに参画するということ です。

　まちづくり においては、市民全員が市政に自ら積極的に参加するということは、なかなか困難なことであり、現実的ではないと考えます。私は、まず市の公的な活動をよりたくさんの人々にはっきりとわかりやすく見える形にして示すことで、自分たちもその中で暮らしているという意識を強くもってもらえるのではないかと考え、その施策を発案したいです。（中略） 地域の人々との相互の関わりが薄れている現在、市が人と人とのつながりのある「温かいまち」として蘇る（よみがえ）ことで、より発展してほしい と考えます。私はそのための活動も考えていきたいです。いかにして 「共同体感情」を共有できるまちづくりを行う か、それが私の卒業後の課題でも

将来の
ビジョン

一章　自己推薦書を知る

088

あります。具体的には、誰でも気軽に参加でき、参加したいと思えるような、自分の関わったお祭り以外の企画を発案することから始めていきたく考えています。そのためには どのような企画が市民にとって参加しやすいもので、どうしたら、より参加してもらえるのかということを学ぶ必要 があります。また、○○市は国内でも気温の高い町として有名ですが、ただ暑さを観光の目的とするだけでなく、どう暑さをしのぐかという対策を講じるための施策を市民とともに考え、さらに 地球温暖化を含む環境問題に対して積極的に活動していくことも必要 であると考えています。

志望動機

一方、○○大学が立地する△△市について ですが、市は環境未来都市に認定されており、温暖化対策を積極的に行っています。さらに、高齢化に対しては元気な高齢者の活躍を推進するなど、積極的なまちづくりを推進しています。また、グローバル化に対しては海外の都市と姉妹都市提携をしており交流を深めています。国際都市としてさまざまな国際会議が開かれており、今日の日本における都市問題に関して意欲的に取り組んでいます。私はそのような △△という土地で生活し、△△市を肌で感じること、そしてその市に立地する○○大学○○学部○○学系で学びを深めることで、自分の将来の夢を現実のものとできると確信し、志望 いたしました。

対象を広げた学び

私が数ある大学の中でぜひ貴学で学びたいと思った理由は、具体的には大きく分けて二つあります。一つ目は、貴学は地域密着型で、現場に出向くということを重視していることを知ったからです。二つ目は、貴学は地域密着である一方で、世界に大きく開かれている大学であるということです。まず前者に関しては、貴学生が地元小学校へ出向き実際に授業を行い、直接小学生と触れ合ったり貴学が所在している△△での防災マップ作成をはじめとする様々な調査を行ったりもしています。その中でも特に私が魅力的に感じたのは、○○先生のゼミによる「まちづくり活動」です。町の活性化を目的とし、「アート」という誰でも気軽に参加しやすい企画を開催しています。私はぜひともこの活動に参加して、市民が参加しやすい企画を深く学びたいと思いました。また、○○先生が独自に実施されている東日本の高台移転プロジェクトはボランティアにもかかわらず多数の学生が参加しているということを知りました。私はポジティブに活動する意識の高い学生の方と共に、ぜひ充実した大学生活を送りたいと強く思いました。そして後者に関してですが、貴学の国際的視野の広さとオープンな学風は、私の貴学志望の思いをさらにかき立てました。貴学のPractical Englishの授業はすべて英語で行われているということで、より高い英語力を身につけられる

と思います。また、貴学に在学中の先輩からPractical English Centerでは英字新聞が設置されていることや、毎日お昼には外国人の先生方と話ができるということなどを伺い、授業外でもとても恵まれた環境で英語を学べるということを確信しました。アカデミックコンソーシアムでは、私が学びたい、研究したいと考えている「まちづくり」について、英語でしかも海外の大学の学生と交流できることは今から想像しただけでも胸が踊ります。

　また、貴学のオープンキャンパスに参加させていただき、私は△△先生の講義を受けました。北欧では町の至る所にゴミ箱があり、ゴミ箱の形はとても考えられているものだということを初めて知りました。また節水という観点から日本の便器と北欧の便器を比較して、発想は違えども節水の共通点があるということを学び、研究の深さと共にいかに「視点」が大切かを教示されたような気がします。

　○○市は□□市のベッドタウンとして山林開発や住宅増設など環境破壊が進んでいます。さらに暑い町ということで、住みやすさと環境保全という観点からのまちづくりについて考察するために、私は環境の視点からまちづくりを研究されている△△先生のもとでぜひ学びたいです。また、インターンシップで△△市役所や△△県庁などの官公庁で職員の目線からのまちづくりや市民の方とのかかわりを

経験したいです。

　私はボランティア活動を通して、積極的に、自ら能動的に行動していくことがとても大切で、「助けることは助けられること」だということを学びました。入学させていただいたならば、さまざまな活動に積極的に参加していきます。「まちづくり」や「アカデミックコンソーシアム」「インターンシップ」への参加はもちろんですが、様々な視点からまちづくりを研究するために、違う学問分野でも幅広く講義を受けたいと思います。大勢のすばらしい先生方のもとで高度な講義を受けられるのは貴学しかないと思います。私の将来の目標を達成させるため、ぜひ○○大学で4年間を送ることを志望します。


では、次で大切なポイントをまとめますよ。

## 具体的な体験から
## 自分の学び（課題）を見つけ、
## 志望先につなげる

　〈選考で重視する能力〉の説明では、《問題発見・問題解決能力》《目標設定能力》《表現力・論理的な思考力》を問うということが明言されていますね。ですから、「問題発見・問題解決」や「目標設定」について、「論理的」に「表現」することで、この入試はクリアできるということなのですよ。

　上記の要素をどういう流れで述べればよいか、整理しますね。

> Ⅰ　目標設定 → 大学入学後あるいは大学卒業後の具体的な
> 　　　　　　　目標
> Ⅱ　問題発見 → 活動や取り組みから見つけた、今後自分にとっ
> 　　　　　　　て必要な具体的な学び
> Ⅲ　問題解決 → 大学入学後の具体的な学び

　Ⅰ～Ⅲを順序立てて述べれば論理的になるはずです。
　そして、Ⅰ～Ⅲのすべての柱が大切なのですが、その中で、最も大切な柱は何でしょうか？　それは、Ⅱです！
　合格自己推薦書でⅡに当たるものは、「夏祭りボランティア」で見つけた課

題でしたよね。夏休みを使っての何日間かの小さな町でのボランティア。日数としてもわずかなもの。**たったそれだけのことですが、そこから学び（課題）を見つけたことが、合格自己推薦書の要となっています。**そこから、**課題を解決していこう、壁を乗り越えていこう、そのためにはこの大学・学部でのこのような学びが必要なんだ！**というように考えを組み立てて、自分だけの物語にしています。これは、考え方4「事実→思い→志望学科・志望理由」・5「時間軸」・11「過去→現在→将来の自分」にも通じることですね。

　このような力を、採点者は《問題発見・問題解決能力》《目標設定能力》《表現力・論理的な思考力》と言っているのですよ。

　国公立大学の入試要項や合格自己推薦書をもとに、考え方11〜17を示してきましたが、これらは例に挙げた大学に限らず、難関と言われている国公立大学・私立大学の文系理系両方の総合入試に共通する、大切なものです。これらを身につけて、活用しない手はないですよ。

# 6

# 理系学部の場合

　ラストは、**理系学部の自己推薦書**です。理系学部においても基本的な考え方は、これまで説明してきたことと変わりません。今回は、難関私大の合格自己推薦書を取り上げます。

　まずは、入試要項の抜粋に目を通しましょう。

入試要項
I. 実施目的

　農学の使命は、食料・生命・環境に関わる諸科学及び社会科学・人文科学などの広範囲にわたる学理を明らかにし、その成果を実際の現場で展開することによって、食料資源の安定供給と有効利用の実を挙げること、並びに人間をはじめとする全ての生物の生存に適した自然環境の整備に寄与することです。…農学は主に自然環境に立脚したものであり、したがって自然と人間の調和のある発展をはかることがその原点です。21世紀にはこれらの問題解決に農学の果たす役割がますます重要になると考えられています。

　○○大学農学部では、**各学科の教育理念に強い関心と理解を持ち、将来の可能性を期待できる個性や資質を持つ者**を募集するため、自己推薦特別入学試験を実施します。このような条件を満た

し、筆記試験では評価できない能力を有する者の積極的な応募を
期待します。

教育方針と教育目標

　農学部は、人類の福祉と健康に関わる課題の解決に向けて「食
料・環境・生命」という21世紀を象徴する三つのキーワードを軸に、
新時代に対応した特色ある教育・研究を行っています。誇りと興味
を持って新時代を担う専門的知識と技術、豊かな人間性を身につ
けた人材の育成に努めています。

　そのため農学の役割と魅力を理解し、幅広い教養を身につけた
志願者を期待します。各学科では、具体的に次のような学生を求
めています（※生命科学科のみ。他学科は省略）。

- 生命科学科：あらゆる生物の生命現象を分子レベルで解析・
  解明し、生物個体の多様な生命現象のメカニズムや生物間
  の相互関係などを探り、生命全般や地球的な環境の問題の
  解決に貢献することを目指す学生。

調査や実験などによって物事を解明することを好み、課外活動で活躍した実績をもつ者の応募を歓迎する。

- 生命科学科：知識欲・探究心が旺盛で、地道な努力と深い思考ができる者が望ましい。自己推薦特別入学試験は筆記試験では評価できない潜在能力を有する学生を採用することが目的である。したがって、全科目を万遍なくこなすのは得意ではないが、**特定の科目（特に生物と化学）が得意な者、あるいは特筆すべき個性・資質を持つ者**を求めたい。なお、生物基礎及び生物、化学基礎及び化学を履修していることが望ましい。

第1次書類選考　主に自己推薦書。

第2次選考　　　第1次選考合格者のみ実施。

　選考内容

- 特別講義受講（60分）・特別講義に関する筆記試験（60分）
- 個別面接（一人あたり10〜15分程度）

では、この入試要項を踏まえた、私大理系学部の合格自己推薦書を見ていきましょう。

理系学部では、
専門分野への高い興味と
研究の経験を提示！

· · · · · · · · · · · · · · · · · · · · · · · · · · · · · · · · · ·

　改めて言うまでもないことですが、国公立大、私立大を問わず自己推薦や総合入試においては、模試などのペーパーテストで測られる学力は、合否判定の材料にはなりません。各大学・学部・学科、その中でも特に理系学部・学科は、①専門分野においての興味・関心が高く、②高校時代に何らかのアクションを起こして、研究や活動に取り組んだ経験のある生徒を求めていて、それを選抜のポイントにしているのです。先の入試要項 I〜IIIの下線部がそのことを示していますよ。

　よって、キミのエントリーシートにも、この二つを反映させることが大切です。つまり、文系学部のエントリーシートとの相違は、前述の②の研究や活動が理科的要素のもの、という点だけなのです。

　では、②の実践研究の経験を明確に提示した合格自己推薦書〈理系学部〉を、一緒に読んでいきましょう。

合格自己推薦書
〈理系学部〉

　　私は、身のまわりの自然に対しての興味、関心、追求する心が人一倍高いです。

　　高校1年時において、夏休みから雑草について調べた

経験があります。雑草はあらゆるところに生えています。そ
れは、公園や街路樹の植え込みだけでなく、古い建物の屋
根やコンクリートの割れ目にまで生えていて常に目につきま
す。私は、幼いころからなぜ 雑草はあんなにしぶとく生える
のかという疑問 をもっていました。観察しているうちに、雑
草は 時間の経過や場所によって種類が変化していく こと、
さらに あらゆる生きる術をもっている ことに気づかされま
した。このような経験から、人の関わりと植生について自
分で実際に調査することにしました。調査には人の撹乱（かくらん）が
多い場所と少ない場所を選び一平方メートルの枠を用い
て観測 しました。雑草の種類、頻度、草丈の平均値をグ
ラフや表にまとめることで 撹乱の多い場所では草丈が低く、
生命力が強い草が生えていることが分かりました。例えば、
メヒシバは畑には5%、駐車場わきの道には90%の頻度で
した。本で調べてみると、メヒシバは、茎の途中に節をつくり、
そこから根を出し、基盤をつくることが分かりました。

　そこで私は、踏みつけなどにより茎が折られても節から
再生するため、人の撹乱が多い場所でも大量に育つと結
論づける ことができました。このように、一つ一つの植物
と環境をデータ化することにより、今までの疑問点を解決し、
自分で調査する力を養うことができました。 私が地道に自

疑問

結果
結論

調査
観察

気づき
（抽象化）

然に向き合って身につけたこの力は、大学へ進んでも必ず役に立つと確信しています。また、はじめは雑草はどんな場所でも力強く生育することができると考えていましたが、林床が暗い場所や他の植物が生い茂る場所などでは生えにくいことが分かりました。この 結果を通して、私の今までの認識は間違いだったことが分かり、実際に調べてみないと分からないことがある、ということに気づかされました。 私が持っている生物への関心の高さを活かすことで、広い視点から物事を考えることができるため、将来、薬品や食品を研究したいという夢にも、高校生活での経験を活かすことができると強く確信します。

　生命科学の場で学び、将来の職業へとつなげるためには、生命の基礎をより詳しく理解しなければなりません。私は、〇〇大学で自分に足りない力を身につけたいです。

　ちなみに、この難関私大のエントリーシートでは、専門分野における興味・関心については、自己推薦書とは別の欄への記入が指示されています。そして、今回は提示しなかったエントリーシートでは、**専門分野においての興味・関心**として「クラゲ」と「タンパク質」を、この合格自己推薦書〈理系学部〉では、実際に取り組んだ活動として「雑草」の**研究**を、それぞれ柱として述べています。この内容で1次を通過し、この内容をもとに2次試験対策準備をしたことで、見事に合格しています。

「雑草なんかをネタにして大丈夫なの？」と思う人もいるかもしれませんが、ここだけの話、雑草ネタで国公立大学推薦に合格した人も、知っています。

では、合格自己推薦書〈理系学部〉の内容を、詳しく見ていきましょう。

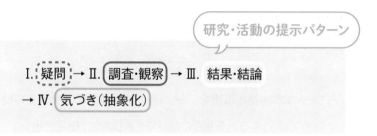

この流れを、捉えてくださいね。理系学部の自己推薦書には、I〜Ⅳのすべてが必要な要素ですよ。そして、この流れの中にも「壁を乗り越える」という要素が含まれています。

具体的な内容は次のようになっています。

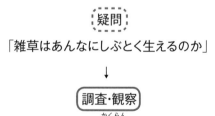

「人の関わりと植生について」「人の撹乱が多い場所と少ない場所を選び、一平方メートルの枠を用いて観測」

↓

## 結果・結論

「時間の経過や場所によって種類が変化していく」「あらゆる生きる術をもっている」「撹乱の多い場所では草丈が低く、生命力が強い草が生えている」「踏みつけなどにより茎が折られても節から再生するため、人の撹乱が多い場所でも大量に育つ」「林床が暗い場所や他の植物が生い茂る場所などでは生えにくい」

↓

### 気づき（抽象化）

「一つ一つの植物と環境をデータ化することにより、今までの疑問点を解決し、自分で調査する力を養うことができました」「結果を通して、私の今までの認識は間違いだったことが分かり、実際に調べてみないと分からないことがある、ということに気づかされました」

この「雑草ネタ」での研究は、高校3年生の夏休みに行っても間に合う研究パターンなので、理系のキミ、どうぞ使ってみてください。ほかにも、すぐにやれそうな研究パターンは、探せばキミのすぐそばにたくさんありますよ。とにかく、この研究・活動の提示のパターンを下敷きにしましょう！

また、採点者はこれらのエントリーシートの内容をもとに面接準備をするのですが、面接準備では自問自答することが大事！

先の合格自己推薦書〈理系学部〉をもとに、こんな問いが想起できますよ。

Q1. 人の関わりと植生について自分で実際に調査する

　　→「なぜわざわざ調査したのか?」

Q2.「どのような方法で調査したのか?」

Q3. 人の撹乱が多い場所と少ない場所

　　→「なぜ、このような方法を選択したのか?」

Q4. 本で調べてみると

　　→「実際にどのような本を読んだのか?」

Q5. 一つ一つの植物と環境をデータ化する

　　→「どのような形でデータ化したのか?」

Q6. 将来、薬品や食品を研究したいという夢

　　→「具体的には何の研究(どのような研究)を行いたいの
　　　か?」

　こんなことが問われるであろうことを考えに入れながら、自己推薦書を書くことも時には必要です。面接については、あとのページで詳しく述べていきますね。

# 秋桜咲いた自己推薦書
# サクセスストーリーを読もう

　かつて大学入試は3月に実施され、その結果は3月下旬もしくは4月上旬に発表されました。当時、遠方受験者のために結果連絡電報というサービスがあり、受験生は「サクラサク」という通知を待ちわびたものです。現在、大学入試は様変わりして、総合・推薦入試結果発表の季節は、たいてい秋から初冬です。もし今、合格電報があるとすれば「サクラサク」ではなく、「秋桜（コスモス）サク」がぴったりではないでしょうか。

　さて、その秋桜の咲く頃に、実際のAO・推薦入試をクリアした合格自己推薦書・志望理由書の具体例をご紹介しますね。これらの合格物語は、すべてボーダー偏差値55〜70台の、中堅・難関大学・学部・学科に挑戦し、合格を勝ち取ったものです。

　このあとのⅡ章では、いよいよ実際にキミの物語を完成させていきますが、その前に、さまざまな合格物語（サクセスストーリー）をしっかりと読みましょう。キミの物語づくりの一助になることは、間違いありません。これらの合格物語を読むことによって、**自己推薦書・志望理由**

書でどのように提示・表現すれば書類審査をクリアできるのか、それをキミは体感できるはずです。そして、書き方のお手本となるだけでなく、キミのこれから進もうとする大学・学部・学科、ひいては進路そのものについても、きっと参考になります。

　読みやすい自己推薦書を書くには、「一文は、できるだけ短く簡潔に書く」「文と文のつなぎ方を工夫する（接続語・指示語）」などの、表現のポイントがいくつかあります。詳しくは、Ⅱ章の「4. どのように書くか」で説明しますが、これから紹介する合格物語では、このようなポイントをはじめとする注目してもらいたい表現の箇所を色で示しました。自分が書くときの参考にしてください。

　また、今までに学んだ考え方をもとにした短い評価も提示しました。ぜひ、ここまで見てきたことを振り返りつつ読んでみてください。

> 国公立大学・水産学部系統
> 志望理由書

　私は海という存在をあまりにも身近すぎて意識することもなく過ごしてきたが、高校1年次のフランス留学をきっかけにして、その存在の大きさを徐々に実感できるようになった。留学先は○○というところで、海まで車で5時間以上かかるドイツとの国境にあった。私はそこで1年を過ごした。海を知らない人に海を教えることの難しさを知り、地中海で泳いだ時、この海は日本につながっていること、さらに海は世界とつながっているということを初めて実感した。また、新鮮な魚を食べられる地域は限られていることなど、この経験をきっ

かけにして、海や水産資源についての興味が高まっていった。

　そして帰国後におとずれた東日本の震災。私はその5か月後の8月11日に気仙沼開港式典に参加していた。国際貢献に興味があり、将来は世界の貧しい人々のために働きたいと考えていた私だが、東日本でのボランティア活動を通して非力な自分のもどかしさを感じ、実際に役立つ知識とそれを有効に使える知恵を身につけたいと強く思った。具体的にどのような分野に進むべきか試行錯誤したが、水産学との出会いが私の進路への舵取りとなった。善意を実現する知識や技術、これこそが私の身につけるべきものだと思う。そして○○大学のオープンキャンパスに赴き、研究室訪問などを通じて、水産においても世界の諸問題を解決する大きな可能性があることを教えていただいた。わたしはその可能性をぜひ追求していきたい。

　○○大学は水産の分野では日本一であり、世界をリードする研究機関である。そして世界的規模で生きた知識の得られる、全国で唯一無二の水産学部だと思う。私は○○大学水産学部を世界を見渡す窓として、自分の成長の場としたい。また、乗船実習などの身体を使って獲得するであろう本物の知恵につながる経験も、一つずつ積み上げていきたい。今までの活動や体験を通して、私のフロンティア精神は高まるばかりである。○○大学水産学部でその高まりを行動に反映させたいし、できると確信している。できるならば、○○学科へと進学してフィールドワークと共に研究に没頭したい。寒さも暑さも大好きな私は、大好きな○○の町で生来の好奇心旺盛さを

発揮し、社会貢献できる確固たる自己を磨くことを今から想像し、胸を躍らせている。まずは大学から大学院までの道のりのキャリアデザインをしたい。


〈ワンポイント評価〉

考え方10「志望の熱意の具体性」や17「体験から見つけた学び」を意識しつつ提示することで、説得力が生まれています。

> 国公立大学・デザイン系統
> 志望理由書

項目1　私は幼少の頃より、文具や家具といった「もの」に興味がありました。また、それらを自分で組み立ててみたり、木材から椅子をつくったりもしていました。この「好き」という気持ちが、成長とともに「より多くの人たちが欲しいと思うものをつくりたい」という希望に変わり、そして、ものづくりに必須のデザインを根本から学びたいと欲するようになりました。

項目2　私はプロダクトデザインに大変興味があります。その最大の理由は、ユーザーの生活と直に関われるのではないかと思ったからです。私のデザインへの動機は、よりたくさんの人たちに心地よく気に入ってもらえる、魅力的なものをつくることにあります。製品を媒体としてデザインする心を伝え、ユーザーと共有できれば幸

せだと感じます。

項目3　私は○○という地に魅了されています。そして、オープンキャンパスで伺ったときに、設備や先生方、学生の方の雰囲気が私の感性にぴたりと符合したと感じました。工学・芸術系の大学とは異なり、デザインそのものを学べることにもひかれました。すばらしい環境のもと、学究・情操面ともに大いなる成長を遂げ、貴学のデザインマインドを身につけたく志望しました。

項目4　もともとは空間デザインに興味があったのですが、現在は家電や電子機器メーカーのデザイン部門で働きたく考えています。また、私の原点ともいえる家具・机・椅子のデザインにも関わりたいとも考えています。いずれにせよ、たくさんの方から支持され、使用されるものづくりの最先端で活躍したいと考えています。

〈ワンポイント評価〉

　考え方5の「時間軸」を意識して書かれているので、読み手は志望理由に納得できます。

> 国公立大学・リベラルアーツ系統
> 志望理由書

　私は将来、幅広い教養を身につけた一人の日本人として世界の人々と協力し、よりよい社会を形成していきたいと考えています。その

ためには、ただ英語を話せるようになるだけでなく、世界事情、文化、経済など、幅広い分野を学ぶ必要があり、かつ色々な国々の人と接する必要があります。このようなことを学べるのは○○大学しかないと考え、志望しました。

　高校時代の1年間にわたるアメリカでの留学生活で、色々な人々と交流することができ、それぞれの文化、考え方の違いを直接感じる機会がありました。生活していく上で、様々なトラブルが生じた時に、自分の考えに対して同感してくれる故郷の友人、家族がすぐそばにいないという寂しさ、自分の考えていることが適切に相手に伝わっているかどうかわからないというもどかしさは、留学経験を通しての一番大きな壁でした。しかし、自ら相手の考えを受け入れて吸収し、留学を終えて帰ってきた時、今までにない達成感を味わうことができたと同時に、初めてこれが国際理解につながるのだということを実感しました。

　入学後は、貴学のEAPクラスで高い語学力を習得し、幅広い教養を身につけたうえで、3年時の留学により、国際理解をさらに深めていきたいです。そして、世界情勢などに目を向けながらビジネスについて専攻し、知識を深めたいです。将来は、様々な国々と連携し、お互いの優れた点を共有しあうことにより、経済だけでなく、国際的な友好関係を繁栄させることのできるよう、豊かな人間性と教養を身につけたいです。そして、そのようなビジネスマンに成長できるように、充実した大学生活を送りたく、努力を積み重ねます。

考え方**7**の「壁」を具体的に提示して、明確な意志を表明しています。

国公立大学・教育学系統
エントリーシート

　私は大学卒業後、開発コンサルタントになり、発展途上国の教育開発に携わりたいと考えています。そのためには、〇〇大学教育学部での学びが必要であると考え、志望しました。

　私は幼少時より国連難民高等弁務事務所と連携したピースパックプロジェクトに参加しており、その頃から発展途上国の支援に興味がありました。そして、高校3年生の時に〇〇先生の講義「世界の貧困・国際協力と私たち」を受けさせていただきました。そこで、教育は貧困問題の主たる解決方法の一つであることを学びました。そして、発展途上国の支援において私にできることは、教育開発という方策ではないかという思いに至りました。

　将来の歩みを確実にするためには、教育学の知識はもちろんのこと、発展途上国の教育についての知識が必要です。貴学教育学部で地域・国際教育系列に属して学びを深め、将来に役立てたく志望させていただきました。

　入学後は、まず△△先生のもとで、発展途上国の教育についての学びを深めたいです。発展途上国の障害をもつ子どもたちのために、コア科目でもある障害科学を学び、基礎知識を確実なものにしたい

です。また、開発コンサルタントになるには英語力の習得は欠かせません。私は入学後、まずは会話力を身につけるべく英語圏へ長期の留学を考えています。現地でも国際教育開発を専攻し、日本とは異なる視点から教育開発について学びたいです。足元から努力を積み上げる覚悟があります。

〈ワンポイント評価〉

　考え方 4「事実→思い→志望学科・志望理由」と 10「志望の熱意の具体性」、そして 11「過去の経験→今の自分→将来の自分」がコンパクトにまとめられています。

> 国公立大学・文学部系統
> 自己アピール書

　私は、幼少時よりマス・メディアというものに対して漠然とした興味を抱いていました。そこから派生して小学生時代には劇団に所属し、撮影現場に出入りする自分がいました。メディアの実際の現場に身を置くことで、私はよりいっそうその魅力にひかれていきました。一つの作品を創り上げるにも、映像に登場する出演者の陰で大勢のスタッフが動き回り、多くの人の関わりがあって初めて完成する。その事実を幾度となく目の当たりにし、感動したことを、今も鮮明に記憶しています。この私にとっての原体験ともいうべき事柄が、現在の私の進路の舵取りとなりました。また、私は幼少時より自分の考え

や心情を絵画や文章で表すことが好きで、いくつかの賞をいただくこともでき、個として表現することの喜びも体得することができました。

　高校生になり、リーダー的立場で人と接する機会が増えたことにより、今までとは違ったコミュニケーションの難しさを知りました。自分の主張を的確に相手に伝え、なおかつ、相手の欲するところをくみ取って提供する。そのようなコミュニケーションは私には果たして可能なのか、自分は人の上に立って指示したり、自分を表現したりすることは向いてないのではないかというジレンマに陥ったこともありました。しかし、作品を共に創り上げ、完成させ、そして何より評価してくださる第三者の存在によって私のジレンマも解消していきました。作品は見てくれる人がいて初めて成り立つものだということを今更ながら実感することができたのです。(以下略)

〈ワンポイント評価〉

　考え方5の「時間軸」と7の「壁」を組み合わせて、表現を工夫しています。

> 国公立大学・教員養成系統
> エントリーシート

　項目①　ものづくりが好きな私。ものづくりとは生産や製造を意味しますが、私はそれ以上にものをつくる過程・結果として、自分の中に蓄積される経験・精神を求めます。「ものづくり技術選修」は、も

のと人だけでなく、人と人とをつなぐ架け橋となり、それを体得することができる、いわば道徳教育の新たな視点であると考えます。それは、子どもの学びの中でも必要なことです。相田みつをの『ラクしてかっこよければ幸せか』という随筆には、負ける練習をさせ、しっかりした「いのちの根」を作ってやることこそが愛情であるとつづられていました。私自身も、人は失敗して強くなると実感することがあります。ものづくりはまさに筋書きのないドラマであり、そこには必ず挫折や負けがつきまといます。それを乗り越えた時に、創造力や生きる力が育まれていくのではないでしょうか。そのような視点をもった教育者に、私は憧れます。ものづくりを介した教育こそが、私の理想とする子ども支援の形です。そして、何より教育者としての豊かな人間性と学力を習得できるのは、○○大学であると確信し、志願させていただきました。

項目② 貴学への入学後は、ものづくり技術と道徳教育を結ぶための研究がしたいです。以前、私はホンダの創業者である、本田宗一郎さんの評伝を読みました。そこで"ものづくり精神"は道徳的であると気づきました。それをどのように結びつけ、活かしていくかについて研究したいです。ものづくりを通してこそ、そのような子どもの心の成長を促進させられると考えます。

項目③ 卒業後は、"ものづくり力"をすべての授業の基盤とし、様々な活動や体験学習などを通して、その魅力を伝えられる小学校教

員になりたいです。さらに、初等教育に不可欠な、創意工夫をする面白さや能動的に学ぶことの大切さを子どもたち自身が感じられるような、将来に役立つ授業を展開し、子どもたちとともに問題を解決していけるような教員を理想とします。

〈ワンポイント評価〉

**考え方4**「事実→思い→志望学科・志望理由」を柱にまとめています。

> 私立大学・経営学部系統
> 志望理由書

　私は将来、多様な文化に対して理解を深め、その価値を理解できる人となれるよう勉学に励むと共に、学内で自分なりにアクションをおこしていきたいと考えています。そして、その可能性の場が○○大学にあると思い、志願いたしました。入学後はグローバルな視点からものを見つめ、学部の専門性を深めることで思考に厚みをつくり、最終的には社会貢献できる人になりたいと希望します。

　私は中学高校までの6年間のほとんどをリーダーとして活動してきました。そして、小さな組織ながらも、運営することの大変さを知り、その中で達成感を感じることもできました。この経験をきっかけにして組織運営には、「やる気」だけでなくきちんとした「戦略」や「戦術」・「作戦」などが必要であるということを実感しました。その実感を通し

て経営学というものについての興味が高まりました。大学入学後は、今までに培ったリーダーシップと学んだことを活かして、広告代理店やイベント制作会社などで活躍できるような力を身につけたいと考えています。そして、将来は国内外で開催される多様なイベントなどで中心となって働くこと、それが私のキャリアビジョンです。

　入学後は経営組織論を中心に勉強し、経営を人の集合体という視点から学びたいと考えています。そして、自分の視野を広げ、コミュニケーション力を高めるためにも、○○祭の企画・運営に参加したいです。中高時代で培ったリーダーシップをさらに伸ばし、国際色あふれるキャンパスで、様々な出自の様々な経験をしてきた方と生活を共にすることによって、「○○」というキリスト教ヒューマニズム精神を、自分のものとすることができるようになりたいです。以上の理由から○○大学経済学部経営学科を志望いたします。

〈ワンポイント評価〉
　考え方5の「時間軸」を中心にして考え方9「アクションまでのプロセス」の内容を述べ、考え方11「過去の経験→今の自分→将来の自分」をもとに将来について具体的に伝えています。

　私は、学級や生徒会活動への主体的な参加によって、学校や地域に貢献することへの喜びを知りました。同時に、支えてくださった先生方の人間的なすばらしさを実感し、教員という職業に憧れを抱くようになりました。そして、高校2年生の時に、低年齢化する少年犯罪についてのドキュメンタリーを観た際に、問題の責任を子どもたちだけに背負わせてはならないと直感的に感じました。そこで、大きな精神的成長を遂げる過程にある小学生とともに自分の人生を歩むことができればいい、いや、そうしたいという思いが募り、小学校教諭になることを決意しました。

　私を○○大学教育学部へ導いたもの、それは、高校1年生の時に先輩が貴学教育学部へと合格し、その体験をお話ししてくださったことにあります。多数の教育指導者が輩出された伝統ある学部であり、初等教育科専攻では、初等教育に必要な高度な専門性だけでなく、臨床的な能力の育成においても重視しているという点で、他を圧倒する魅力を感じました。多角的な視野で、子ども達と共に問題を解決していけるような、豊かな人間性と柔軟な知性を育めるのは、初等教育科であると確信しました。また、社会的な諸問題を複合的に捉えるためにも、他学部の授業も受講し、様々な学生とも幅広く関わる必要があると考えます。その意味においても総合大学の雄である○○大学での学びは魅力満載です。

入学を許されるならば、1年次から○○先生の「道徳教育原論」で、道徳教育についての基礎知識を身につけたいです。また、○○プロジェクトに参加します。この活動を通して、様々な社会問題にアプローチし、貢献するだけでなく、初等教育に不可欠な、体験的に学ぶことの意味を自分なりに考えます。そして、教員になった際には、後に子ども達自身がその大切さ・魅力を実感できるような、心に残る授業を展開し、心を伝えられる教師になることをお約束します。

〈ワンポイント評価〉

　考え方2「熱意ある自分を語る」を下敷きにして、入学後の自分について具体的に述べています。

私立大学・社会学部系統
志望理由書

　　グローバル社会で起きている諸問題や今後起こりうる出来事に対して、広い視野と深い専門性を身につけ、社会貢献できる人になること、それが私のキャリアビジョンです。実現のためには、人と社会の関わりを知り、分析し、よりよい方向へとアクションを起こす力や創造力などを養うことが必要です。そのためにも○○大学○○学部社会学科で学ぶことが最良の道だと考え、志望いたしました。

　　このような考えに至るきっかけは、高校1年生の時のカナダへの

短期留学にあります。そこでの人々との出会いが私に影響を与えました。彼女たちと出会うことで初めて、それまでの先入観にとらわれていた自分に気づくことができたと同時に、根拠もなく異国の人々のことを想像していた自分を情けなくも感じました。帰国後も、ロシアの友人と連絡を取り続けることで、かつての印象はさらに大きく変わりました。そしてメールでのコミュニケーションにおいても、ロシアから見る日本と日本から見るロシアの相違、国内における情報の偏りを知りました。また、グローバル化社会においては、自国について発信しながらもやはり世界共通の視点をもつことも必要です。私は世界に通用する、正しく的確な知識と広い視野をもった人になりたいです。そして異なる社会に住む人々との共通のしるべを探したいと考えます。

　入学後は、宗教社会学と国際社会学を受講し、人々の基盤となっている宗教と人との関わりを学び、様々な背景をもつ人々が形成する国際社会を学ぶことで、視野を広げたいです。また、大学生活においてはコミュニケーション力を高めることに力点を置き、国際教養学部の講義を受講したり、3年次には交換留学生として長期留学をしたりと行動していきます。そして、○○祭実行委員に参加し、リーダー経験で発案力を培い、人の可能性を見出すきっかけづくりをし、仲間との信頼・協力などを得て、コミュニティづくりに参画していきます。建学の精神に基づいてグローバル社会での生き方を学び、キャンパスで様々な文化を背景にした人々と出会い、真の知恵を身につけ、憧れの○○大学で地に足をつけたあとに、羽ばたきたいです。

考え方**5**の「時間軸」をベースにして、考え方**4**「事実→思い→志望学科・志望理由」の構成で自己の将来について熱意を込めて語っています。

> 私立大学・法学部系統
> 自己推薦書

　私はいわゆる外国人である。両親はともに○○人で、もちろん私も○○国籍を有している。しかし、日本で生まれ育ったことにより、「○○人」という意識をもったことはほとんどなかった。友人からも、私が○○人であることをたまに忘れる、と言われる。

　そのような私が日本人ではないということを、改めて強く自覚したのは、昨年の春休みに行われた、私が所属している○○部の演奏旅行の折、空港での出来事であった。部員全員のパスポートの色が紺色であるのに対して、私だけが違う色。さらに、帰国時にみんなは同じ帰国ゲートを通っていくのに、私一人は再入国ゲートを通り、指紋と顔の認証を行った。この他にも、旅行前に出入国カードを事前に記入したり、ビザの有無を確認するために、大阪にある大使館にまで出向いたりしなければならなかった。幼少の頃から、私は何度も○○に帰っているのだが、その時は、両親がその都度指示を出してくれていたため、なんの不自由もなかった。また、家族という単位で行動していたため、わずかな疎外感も感じたりはしなかった。しかし、今回の演奏旅行のときに、私はこの先、周りの人と同じように過ごしては

いけない、外国人が日本で生活していくには、あらゆる法的な手続き
を気にしていかなくてはならない、という現実をはっきりと認識した
のである。同時に、日本に生まれ育ち、日本人とほぼ同じ感性をもっ
ているはずなのに、国籍が違うだけで日本人のように過ごせないこと
に疑問を感じた。

　これをきっかけにして私は、在日の外国人という存在に興味をもち
始め、私の住む○○でおよそ40年前に、ある在日外国人の男性が
在日外国人であることを理由に、会社の採用を取り消された事件を
知った。この男性は○○で生まれ育った。つまり、言語や感性は日本
人とは変わらない。にもかかわらず、国籍において差別されてしまっ
たのだ。この事件以外にも、過去に医療保障・労働・年金などのさま
ざまな場面において、在日外国人が日本で不平等な待遇を受けてい
ることを知った。なにより衝撃的だったのが、かつて父が日本のある
大学に入学しようとしたところ、外国人であったために、門戸が閉ざ
されてしまったということであった。在日外国人が不平等な待遇・差
別を受けなければならないという社会ほど悲しいものはない。そして、
これらの問題を解決してゆくためには、まず法律の面から見直してい
かなければならないと考えたのである。

　時代は移り変わり、国際化が進む日本は、外国人との共生を考
慮せざるを得ない状況にある。外国人と共生するには、異文化への
確かな理解や、異国人の人権を考え、彼らを認め、受容することが求

められる。そして、そうすることによって日本に豊かな社会が創造されることは確かであろう。私はそうした平和と民主主義の実現の手助けとなる弁護士になりたい。在日外国人が積極的に日本を構成する一員となり、誇りをもって活動できるような社会を目標としていきたい。確かに、これがいかに困難なことであるかは想像に難くないだろう。しかし、まだまだ解決されるべき問題はあるにしても、過去に日本に生きた在日外国人たちの勇気ある行動によって、少しずつ解決への糸口が紡ぎだされているのは事実である。

　私が生まれた日からちょうど○年前に、○○の精神を掲げた人物が日本に誕生した。貴学設立者である○○である。私は、今までに貴学のオープンキャンパスや、模擬講義に参加させていただいた経験があるが、その中で出会った学生たちに今なお彼の精神、つまり自分自身の判断で行動し、先を見据えるという姿勢が根付いていると感じた。そして、その姿勢は貴学を卒業した私の母がそうであるように、貴学を巣立った人々の中にも定着しているだろうと考える。

　もし、貴学で学ばせていただくことが叶うならば、そのような精神を礎として、極めて抽象的である人権について、その概念は何であるか、具体的なイメージを広げ、深化させていきたい。また、私は法律の歴史についても、その法律のできた当時の背景を考察しながら、法知識を広げていきたい。そして、過去を客観的に学ぶことにより、現在の日本に足りないもの、必要な法律はなんであるかを模索して

いきたい。それらを知り深めていくために、さまざまな書物や資料にあたっていくことはもちろん、文献からだけでは学ぶことのできないような問題解決能力を、先生方のご指導を仰ぎながら身につけていきたい。私は将来、日本の集団社会という性質を理解しつつも、在日外国人二世であるという自分の二面を生かせるような外国人弁護士として、いまの日本に最も適した、新たな社会の形成の助力になりたいと考えている。このことにより、私は○○大学法学部への入学を強く志望する。

〈ワンポイント評価〉

考え方 2「熱意ある自分を語る」・4「事実→思い→志望学科・志望理由」・5「時間軸」・6「字数が多いほど具体性を」・7「壁」・11「過去の経験→今の自分→将来の自分」を融合させて、説得力を出しています。

> 国公立大学・理科系
> 志望理由作文

　私は将来、日本を代表するような水族館飼育員になりたいと考えています。来館者に、海で暮らすたくさんの生き物の迫力や可愛らしさを伝えたいと考えます。私は、彼らの世話をし続け、海という世界のすばらしさ、命の尊さを伝えることに生涯を捧げられる水族館飼育員になりたく、夢を抱いています。

私の実家は水族館のそばにあり、幼少時より毎週のように、家族と共に訪れていました。また、祖母の家が京都の日本海沿いにあり、帰省した時は毎日、魚釣りを楽しんでいました。そのような幼少時から小学生時代にかけての日々の体験の積み重ねが、水族館飼育員の道へと私を導いたと思います。

　私は中高一貫の私立学校に在籍していますが、ここでは、中学3年生の時に卒業論文を書くことが課せられます。私は、そのテーマを「深海とそこに生きる生物」にしました。深海や深海生物について何も知らなかった私は、深海の低温で高圧の、生物にとっては過酷な環境や、深海生物の特殊な構造などを知れば知るほど、驚きと興味が募っていきました。論文を書き終えたあとも、海洋生物の生態についてもっと知りたいと思うようになりました。高校進学と同時に様々なシンポジウムに参加するようになりました。海洋生物について研究している大学院生の方のお話などを聞いたり、海洋系の大学においてはどのような研究がなされているかということのおおよそを伺うことができたりしたことで、私も将来海洋生物について深く学びたいという気持ちが、さらに増していきました。

　そして、高校2年生の夏休みに、「海について学ぼう」と題した○○に参加しました。3日間の船上生活で生物の採集などを行い、陸に戻ってからの2日間で研究をし、最後に研究成果を発表するという内容でした。私は普通科の女子校で過ごしてきたので、このような

経験はなく、とても新鮮であり、様々なことを学ぶことができました。中でも○○については、今後の私にとってのテーマであると思います。また、研究者の方々は、研究室に閉じこもって研究し続けるというわけではなく、フィールドワークが多いということも実感できました。

　私は、海や海洋生物を学ぶためには、フィールドに出て五感を使って実習をすることが大切だと思い、自分の目標を実現するためにはどのような大学のどのような学部で勉強するのがよいのかを調べました。そして、○○大学の少人数教育や野外実習、船海実習の内容に惹かれました。1年次に行われるフレッシュマンセミナーでの海辺の生物観察、採集、魚類の解剖など、想像するだけで今から胸が躍ります。船を4隻も所有されている貴学で私は思いきりフィールドワークを行い、経験を積んでいきたいです。日本は島国で、海を知ることは永遠のテーマであり、またその利用や人間と海との共存は必要不可欠なことと考えます。終わりのない海を研究し、多くの人々に身近にある水族館に足を運んでもらい、そこから海洋生物に興味をもってもらえるような手助けができたらと考えます。入学後の4年間、足元から努力を積み重ねる自信があります。

〈ワンポイント評価〉

　**考え方10**「志望の熱意の具体性」を意識することで、具体性に富んだ内容に仕上げています。

　私は、教育・社会・国際理解についてより深く学べる大学は○○大学しかないと考え、志望しました。

　私は高校1年生の時より、国際ボランティア同好会に参加し、イラク・アフガン情勢や731部隊などについて学んできました。同時に講演や文化祭等において、その実態を訴えることを行ってきました。3年生の夏休みには、ドイツで行われた○○大会に参加し、様々な国の若者たちと交流しました。これらの経験を通して、世界の歴史や社会情勢を広く深く学び、国際機関で働く道を模索していましたが、それと同時に「世界」を子供たちに伝えていける教師になりたいという気持ちも日毎に増してきました。思いを現実にするには、貴学しかないと考えます。

　入学後の2年次に国際理解分野を選択し、自分のフィールドワークを広げていきたいと考えています。そのためには、1年次の共通科目において基礎的な素養を語学中心に身につけていくことが先決です。大学4年間でいかにして自己の視野を広げていくかが、私の課題でもあります。足元を見つめ教養を身につけるべく努力していきたいと考えています。また、できれば寮生活を経験したいです。今までは親の庇護のもと何不自由なく生活してきましたが、これからは共同生活の中で自分自身を成長させていきたいと思っています。

多くの人と触れ合い、経験を積み、豊かな人間性と教養を身につけた教師を目指して充実した大学生活を送りたいです。

〈ワンポイント評価〉

　考え方5の「時間軸」をベースに書き、考え方11「過去の経験→今の自分→将来の自分」のうち特に「将来の自分」についてアピールすることを心がけています。

> 国公立大学・理学系統
> 志望理由書

1) 理学を学びたい理由と学ぶことによる自身の将来像

　私は幼少期より今に至るまで、「生き物」への興味が尽きず、特に、すべてを解き明かされずにいる神秘的な生き物、「きのこ」へのこだわりには特別なものがあります。また、「きのこ」について調べるうちに、それらを包み込む形で存在している生態系そのものにも、目を向けるようになりました。すべての生物は、互いに影響を及ぼしていることに思い至り、生物多様性についての基礎的な理解も身につけました。そして、○○大学理学部において、生物に関する未知の領域に踏み込み、幅広く生物について学ぶとともに○○研究室などで専門性を深めていきたいです。できるならば大学院を視野に入れて学び、「きのこ」を手がかりに、より高度な、深化した研究がしたいです。そ

の第一歩として生態系への理解を深めることから始めていきます。将来は生命理学の研究に携わり、生物の体内、体外で起こっている未知の仕組みを解明し、人間と人間以外の生物との共生に貢献できる研究者になることを私のキャリアビジョンとしています。

## 2）今まで意識して学習したことと体験などの具体例

　実際に自然に触れることが楽しく、またその必要性を感じていたので、誤解されやすい行動ですが、幼少期より図鑑で無毒だとわかったものは、すべて口に入れるという体験をしました。また、中学、高校は山の頂上に立地し、森の中の校舎という恵まれた環境で過ごすことができました。そして、中・高6年間を通して休み時間や放課後に、自生するきのこを観察し、生えていた場所や種類を、図鑑に記録していました。高校1年の時には、「きのこ検定」を受検し、3級97点、2級95点で合格しました。勉強の際にはテキスト以外にも視野を広げるために関連する本を読むことを継続しました。学校での学習では、「なぜそうなるのか」という具体的な理由を、常に意識し、丸暗記に頼らないように心がけました。

## 3）長所と授業以外での活動

　私は常に客観的に物事を判断できる性質をもっています。高校3年生の文化祭において、クラス委員として喫茶の運営に携わり、費

用の試算や作業の指示にあたりました。自分の考えを的確に文章に
まとめることもでき、高校1、2年生の時の演劇では脚本を担当しまし
た。また、高校生活において、校外のボランティア活動やクラス委員
の活動を通して、私は人との円滑なコミュニケーションをとるため
の工夫に努め、何よりも主体的に行動することが大切であるというこ
とを学び、身につけることができました。

〈ワンポイント評価〉

**考え方9**「アクションまでのプロセス」を述べて、説得力を生み出しています。

> 国公立大学・教員養成系統
> 志望理由書

私は高校3年間リーダー活動を継続しました。文化祭などの行事
の進行、チャリティー企画の考案・実行、そしてクラス運営など、さま
ざまな経験と数々の挫折の中で、自分を見つめ直すことができまし
た。そして、その中から自分のキャリアビジョンを描くようになりました。
私は何としても教師になりたいという夢を描いています。

成長過程において、どのような人と出会い、どのような経験をした
かが「人となる」上での重要な要素だと思います。そして、誰もがそ
れらのことを学校生活の中で共有します。私は、児童・生徒の将来
のビジョンや生き方について、適切な指導・支援のできる教師になり

たいです。子どもたちの秘めた力を探り、可能性を見出し、未来への飛翔力を培っていける教師になりたいです。そして、そのためには○○大学での学びが必要であると考え、志望いたしました。貴学には、就職実績の素晴らしさから伺える授業・教育実習や演習の質の高さ、1年次後期から三つの履修モデルに分かれることで自分の興味・関心のある分野をより専門的に学べること、初等教育教員養成課程と中等教育教員養成課程の併設など、私にとって魅力的なものが数多くあります。そして、何よりその伝統にひかれました。

　入学後はまず、共通科目において基礎的な素養を身につけていきたいです。また、1年次後期には進路指導履修モデルを選択し、「職業指導」が導入されてから「キャリア教育」へと展開された今日に至るまでの歴史を学び、どのような活動がなされてどのような役割を果たしてきたかを理解するとともに、学校進路指導に期待されていることは何か、必要な支援は何かを考えていきたいです。大学4年間でいかにして自己の視野を広げていくかが、私の課題でもあります。多くの人と触れ合い、経験を積み、豊かな人間性と教養を身につけた教師を目指して充実した大学生活を送りたいです。目標実現のために足元から努力を積み上げる決意があります。

〈ワンポイント評価〉
　考え方4「事実→思い→志望学科・志望理由」の構成で、考え方10「志望の熱意の具体性」を起点として入学後の自分を焦点化して伝えています。

　「〇〇」これは私が6年間通った学校のモットーです。私はこの言葉の意味を何かの事があるたびに考え、自分を振り返る材料にしてきました。そして、将来の進路を考える時にも、この言葉をまさにバイブルとして考え続けてきました。「〇〇」とは、「社会貢献のできる人となれ。」ということだと思います。そして、自分なりに社会貢献するには、どのような職業に就くのがベストであるかということを、考え続けました。最後にたどり着いたのが「看護師」という職業です。身体的にも精神的にもハードな職業であるという認識はもっています。しかし、私は何としても医療貢献できる人になりたいと強く志望します。もし入学させていただけたならば、対人援助職としての医療を深く学んでいきたいです。そのためには四つの看護学講座について基礎から知識・見識を身につける必要があります。また、この地域最大の病院で実習することで、想像できないほどの幅広い経験を積めると考え、今から胸が躍ります。

　救うことが救われることであるならば、人に寄り添い、一人ではないということを伝えるために、あなたの命は大切だということを伝えるために、私はこの職業があるのだと思います。医療現場の問題の難しさは、私の乏しい知識では計り知れないものだと理解できます。しかし、貴学で学ぶことによって自分自身を成長させ、克服していきたいです。

考え方7の「壁」を将来のものと想定しての記述を心がけています。

> 国公立大学・国際関係学系統
> 志望理由書

　私は大学卒業後JICAに就職して、地域社会や国際社会で起きている諸問題について、その対策や解決策を見出(みいだ)しつつ、国際貢献できる人となりたいです。小学〇年の頃、何気なく観ていたテレビ番組で、ガーナの子どもたちが、チョコレートを食べたことがないという話を初めて知り、その時の衝撃をきっかけとして、私は国際社会や地域社会の諸問題に興味を抱くようになりました。今でもあの映像の中にいた子どもたちにチョコレートを食べてほしいと願うことがあります。

　私の将来への歩みを確実にするには、彼(か)の地の歴史・文化・生活習慣を学び、コミュニケーション力を高めることが必要です。人と人との関係のあり方への理解を深め、身につけた教養を活かして、世界の人々と意見を分かち合い、より良いアイディアを考案して、その時その人に最も適したプランをつくりたいです。そのプランを通して、たとえば、貧困に苦しむ社会に対しての、希望あるシステムづくりに関わっていきたいと考えています。

　入学後、ぜひ〇〇先生の授業を受けさせていただき、当事者体験を体感したいです。〇〇先生とフィールドワークができると伺い、

ぜひとも参加したいと胸が躍ります。そして、視野を拡げ、真の教養を身につけることが、私の課題でもあります。国際関係学科には、私を成長させる様々なカリキュラム・先生方がいらっしゃることを肌で感じ、志望させていただきました。入学後は、国際ボランティアサークル○○にも入りたいと希望しています。1年次に語学をはじめ基礎的な事柄をしっかりと学んだあと、2年次の夏から活動したいです。また、JICAを訪れた際、目に留まったいくつかの事柄について、大学の構内でも実施できるのではないかと思うことがありました。そうしたことにも取り組んでみたいです。グローバリゼーションを実感できるキャンパスで、力強く第一歩を踏み出せたらすばらしいと考えています。

〈ワンポイント評価〉

**考え方 10**「志望の熱意の具体性」をもとに述べつつ、入学後の具体的なプランをアピールできています。

> 私立大学・情報系統
> 自己アピール書

私は誰とでも仲良く接し、関係を構築することができます。小学生の頃から人の笑顔を見ることが好きです。小学生の頃、緘黙（かんもく）したまま、人と交わろうとしないクラスメイトがいました。面白いことをやったり言ったりしても、笑う素振りも見せないその子に対して、私は色々と工

夫を凝らして接しました。そして最後には笑ってくれるようになりました。その成功体験をきっかけに、今日に至るまで常に笑いのある和やかな雰囲気作りを心がけており、私の周りには笑顔が絶えません。

　また以前、駅の階段手前で子連れのお母さんが困っている姿を見かけたことがありました。子どもを抱っこしながらベビーカーを引き階段を上るのは大変だと思い、声をかけ、ベビーカーを運びました。その時のお母さんの笑顔は今でも忘れられません。助けるつもりがその笑顔で自分も助けられた気がしました。また、目の不自由なお年寄りの方が駅で迷っている姿を見かけ、声をかけたこともあります。美術館に行きたいのだが行き方が分からない、とのことでした。私はおじいさんの手をとり美術館へと案内しました。点字ブロックの道には人が立ち止まって話していたり、店のテーブルが突き出ていたりと、目の不自由な方にとっては、危険な道のりであることに気づかされ、違った視点をもつことの大切さを知りました。このように、人のために積極的にアクションを起こすところが私の長所です。

　私は将来、日本や日本の文化を世界へと発信し、交流を深められるような職業に就きたいと考えており、夢の実現のためには○○大学○○学部○○学科で学びを深めることが一番であると考え、志望いたしました。私がそのような思いを抱いたのは、3年前、自宅近くにアジアン料理の飲食店が開店した時からです。そこではインド料理やベトナム料理、タイ料理を味わうことができ、実際にインドの方たち

が働いているので、本場の味を楽しめました。食器などが日本ではあまり馴染みのないステンレス製のものであり、また店のBGMも聞いたことのないインドの曲が流れていました。また、初めてのお客さんでもインド人の店員さんが、とてもフレンドリーな接し方をしてくれて、私は日本にいながら日本とは違った空間・異文化を感じ取りました。

一方それとは逆に、インドや東南アジアの人たちにも、日本の独特の文化や伝統を身近に感じてもらいたい、と思うようになりました。異文化を中心に学び、産業構造を知り、将来の夢に近づくための大学・学部について考えを巡らす中で、私は貴学文化情報学科に出合いました。オープンキャンパスでは、○○先生の「観光学」の授業を受けさせていただき、国ごとに行きたい日本の地域が異なる傾向にあることを学びました。例えば、台湾の人々は雪を見る機会があまりないので北海道へ旅行する傾向があり、韓国の人は温泉などを好み、短時間で行ける九州へ旅行に来る傾向があるということです。私は、相手国の状況と日本の状況とを共に理解することで、海外からの観光客数を増やし、また日本文化を海外へ進出させることができるということを学びました。入学後は○○先生の授業をぜひ受けさせていただき、インドと日本の関係性について研究したいです。また、△△先生の「まちづくり学」の授業の中で、学生の方たちが□□テラスでショップを運営しており、貴重な体験を積めることを教えていただきました。私は、実際にそのショップに立ち寄ってみました。人通り

の少ない所だったので、集客するには、様々な工夫が必要だと感じました。私は文化祭などの行事が好きで、廊下へ出て呼び込みをしたり、Tシャツのデザインを手がけたりと、どうやったら集客できるか、話題性を生み出せるかということを考えてきました。今までは高校という狭い範囲でのことでしたが、実際に学外でやってみると、どのような問題点が出てくるのか、改善策をどのように組み立てていけばよいのか、そのような研究も貴学科において思う存分チャレンジします。そして、できるものと確信します。以上が、私の志望理由です。

　入学後は、まずアジアの文化についてその基礎を身につけたいです。そして3年次にはインドとアジア諸国との関係性について、専門的な学びを深めていきたいと考えています。できるならば、△△先生のまちづくり学のゼミに参加させていただき、経営についても積極的に学びたいです。学外においては、経済学部の学生と日本の文化を世界に進出させる仕事について話し合い、交流を図りたいです。その中で仲間を形成して、将来につなげていきたいと考えています。卒業後は、かつて身につけた書道や大学時代に蓄えるであろうアジア諸国の問題点などの知識を活かして、海外で日本の文化を提供する仕事に就きたいです。また、貧しい人々が暮らす国を活性化させる、社会企業家という仕事にも憧れているので、少しでも、その国が発展できる環境を創りあげていきたいと思っています。

〈ワンポイント評価〉

**考え方1**「自己推薦書は志望理由書と同類」・**2**「熱意ある自分を語る」を
よく理解した上での自己アピール書になっています。

> 私立大学・心理学系統
> 志望理由書

　幼少時より祖母の家に預けられて育った私は、典型的なおばあちゃん子でした。長年C型肝炎と闘ってきた祖母の、明るく振る舞う中にも、ふとした時にみせる辛そうな表情を今でも思い出します。私が中学3年の時、祖母の病状は悪化し、ついに肝がんを患いました。そして、私は、中学校の卒業論文のテーマを「笑いで病気は治せるのか」にしました。「日本笑い学会」の方に話を伺ったり、文献を読みあさったりしましたが、私はそこに何ものをも見出せず、祖母の「死」に向き合えませんでした。そのような時、従姉妹が生まれ、祖母の生まれ変わりではないかと言って、親族みんなでかわいがり、自然と悲しみも和らいでいきました。この出来事をきっかけにして、私は「子ども」に興味をもち、高校2年の時に保育園のボランティアに参加しました。私は、教室から出て行ってしまう子どもを連れ戻す役割を与えられましたが、うまく対応できませんでした。小学校の補助教員である母に話を聞くと、そのような子どもは小学校にもいて、自分で自分の心をコントロールすることができずに苦しんでいるのだということを知りました。こうした経験から、私は将来、心の問題で苦しむ子どもや

青少年を支える仕事に就きたいと思うようになりました。心理学の本を読むうちに、私は脳の仕組みについての科学的な知識も必要であるということや、心の問題を抱えている子どもは、その子だけでなく家族の心のケアも不可欠であることなども知りました。

　そして、知識や経験を積み上げるためにはどうすればよいか、私なりに検討して参りました。オープンキャンパスに参加し、シラバス等を拝見する中で、貴学の充実した実験施設や、ラットを使った実験を通して、脳科学や神経学的な観点からも学べるというところに、私は大いなる魅力を感じました。もし貴学で学ばせていただくことができたならば、○○先生のもとで生理心理学を学び、脳からの視点を中心に心理学を探究していきたいです。また、私は子どもと家庭環境との関係についても関心があり、私にとって必須の勉強だと考えています。そのためには、家族心理学を深く学びたいです。将来はカウンセラーとして社会貢献することを目指す私にとって必要なことは、まず自分を知ること、そして、広い視野で物事を考え、実行できるような人間になることです。目標実現のために、足元から努力を積み上げる決意があります。

〈ワンポイント評価〉
　**考え方 4**「事実→思い→志望学科・志望理由」と **5**「時間軸」の構成で、具体的に自分の物語を語っています。

　私が誇れるもの、それは、誰とでも垣根なく関わることのできるコミュニケーション能力と、好奇心の強さではないかと思います。

　私は高校1年生の夏休み、約20日間のオーストラリア海外研修に参加しました。この期間、「日本人としての自分」を考える機会を得ることができたと思います。また、想像以上の文化の違い、自分の思いが伝えられないもどかしさに奮闘した毎日でしたが、繰り返し意思疎通を試み、異文化を直接肌で感じるまでに至りました。

　オーストラリアの○○空港に初めて降り立ち、そのトイレで「Chinese?」と聞かれたときは、何ともいえない気持ちになりました。その時初めて、私が日本人であることのアイデンティテイを考えるきっかけになったと思います。そして、現地の人々との交流を試みたのですが、今まで学校で習ってきた英語と、現地で実際に会話する上での言葉のギャップというものを、初めて知りました。その国のネイティブには、彼ら特有の表現やニュアンスがあり、言葉はその土地で歴史や文化を背景に使われているものであり、言葉は生きものなのだということを実感しました。

　そしてその一方、○○では「漢字」が一つのファッションになっていて、「漢字ロゴ」の入ったTシャツを着ていたり、「漢字の刺青」を入れたりしている人々に出会い、ふだん、私たちが何気なくツールと

して使っている漢字が、美的なもの・芸術的なものとして扱われていることがとても新鮮に感じられました。漢字が書ける私を好奇の目で見たり、賞賛の声をあげたりする人々との出会いは、多少なりとも驚きでしたが、そのような人たちとは、時を待たずに自然とうち解けていきました。他国の文化への興味が、その国の人々との交流のきっかけになるということを、学んだ気がします。また、改めて母国語である日本語の表記（漢字・平仮名・片仮名）の複雑さ・その組み合わせの妙を発見しました。そして表記だけではなく、日本人は場面ごとに明確な言葉の使い分けを自然と行っていることを実感しました。たとえば「cool」には「涼しい、冷たい、かっこいい」などの意味があり、日本語ではそれぞれ言葉を使い分けていますが、ネイティブは同じ一つの言葉を、その場の雰囲気によってさまざまなニュアンスで使います。同様に、英語で「朝」は「morning」の1単語で表すだけですが、日本語では「暁、明け方、夜明け」等、景色の描写と相まって、とても細かく区別されます。「虫が鳴いている」と聞いて、季節が秋なら、日本人である私は、何となくもの悲しさを連想しますが、現地の人は「うるさい」というイメージが固定していました。このような言葉や認識の違いを理解した上での交流こそが大切であり、そのためには、その国の歴史を知ることが重要であることを学びました。

　また、私は日本の文化を伝えようと、あらかじめ準備していた紙で、まず折り紙を教えることに挑戦しました。ホストファミリーの家族に教

えたのですが、○歳の子どもは、初めての経験でなかなかうまくできません。しかし、その母親は実にたくさんのものを折ることができ、驚きました。そこで、その母親も知らない鶴の折り方を、私は教えることにしました。鶴を折っている時、手はふさがっていますが、会話はできます。折り鶴を通して、互いの国の文化や生活習慣の違いについて話したり、時には互いの母国語を教えあったりして過ごすことができました。こうしたことをきっかけに、様々な国の文化について詳しく知りたいと思うようにもなり、折り紙で日本語の文化を伝えようとした試みも、私にとっては大きな交流の経験だったと言えます。

　私は日本を離れることによって初めて、日本を、そして日本人である自分を考えることができました。他国を知ろうとすることは自国を知ることにつながるということを実感できました。そして何より、国や言葉が違っていても、コミュニケーションツールを持ち合わせていれば、心が通じることを学ぶことができたと思います。


〈ワンポイント評価〉
　**考え方2**「熱意ある自分を語る」を意識して、具体的な体験を踏まえた自己アピールになっています。

　日本と海外の諸国とをつなぐ架け橋になること、それが私の描く
キャリアビジョンです。私は、コミュニケーションを軸に人々と協力し、
より良いグローバル社会を築く一員になりたいという夢を抱いていま
す。グローバル化の中で、私は特に異文化交流について、その学び
を深めていきたいです。

　私が異文化交流を意識するようになったきっかけは、高校1年生
の時のアメリカ留学にあります。アリゾナ州の公立高校に9か月通い
ました。留学当初は、唯一の日本人である私に対して、皆、興味を
もって接してくれました。しかし、時間と共に彼らの私に対する興味
は薄れ、次第に会話が減っていきました。アピール力に乏しかった
私は、なかなか友人をつくれず、英語をうまく話せないことを馬鹿に
されたり、偏見のある言葉や差別的な言葉を投げかけられたりと、良
いコミュニケーションとは対極の状態に置かれ、コンプレックスが
募る一方でした。しかし、このままでは何も変わらないと思い、まずは
日常英語の習得に励みました。そして、会話力が上達してきた頃か
ら積極的に日本やその文化を理解してもらうことに努めました。現地
の人と共に日本食レストランに足を運んで日本食について話したり、
一緒に日本料理に挑戦したり、日常の何気ないことの繰り返しに
よって、日本人である私や、その背景にある日本文化にも触れてもら

うことができました。その中から、共感も生まれていきました。そして情報の発信不足や、互いに正しい認識がないことから、差別や偏見が生まれるということを実感しました。また、何よりもツールである英語力の大切さを知りました。

　大学生活においては、自国の文化への認識を深め、情報発信する力を身につけると共に、互いに共感するための英語というツールを駆使できるように、言語能力を高めていきたいです。それを可能とするのは、○○大学グローバルコミュニケーション学部での学びであると確信し、志望させていただきました。

〈ワンポイント評価〉

　考え方5の「時間軸」を中心に据え、考え方10「志望の熱意の具体性」でアピールすることを心がけています。

> 私立大学・人間学系統
> 志望理由書

　私は高校2年生の夏期休暇中に、イギリスの○○学校に短期留学しました。そこには、スペイン・フランス・イタリア・ドイツ・オランダ・サウジアラビア・中国などからの留学生が来ていました。皆、自国の伝統と文化を大切にし、誇りをもっていました。一方、日本という国については、ほとんど知られていないことを知りました。そのことは、私にとってとても大きなショックでした。そして、私自身についても、母国

日本の文化や伝統について、実は、他国の人に説明できるほどの知識もないことに気づかされました。またヨーロッパの人たちからは、自分がアジア系やチャイニーズというひとくくりで捉えられてしまったことにも抵抗を覚えました。この時から私は、大学進学後は日本の文化や歴史、そして他国の文化を含めて、広く深く学びたいと考えるようになりました。そして、異国の地で体験したような事柄を、日本の伝統・文化と共に学べる大学・学部を探しました。

　そして、○○大学人間文化学部には、私の学びたい事柄のすべてがあると考え、志望いたしました。私は日本の伝統・文化が息づき、国際化・グローバル化の中にある○○という日本の代表都市で、貴学部の体験型授業等に積極的に参加し、日本の文化・伝統を礎（いしずえ）とした国際人となれるように、一歩を踏み出したいです。

〈ワンポイント評価〉

　**考え方 4**「事実→思い→志望学科・志望理由」の基本を忠実に守り、コンパクトにまとめ上げています。

> 私立大学・国際教養学系統
> 志望理由書

　私は将来、できるならば国連の機関に所属し、難民の人々を助ける活動に携わりたいと考えています。しかし、そのためには単に語学

能力だけではなく、難民の生まれた背景やその状況、そして、その地域の国情を理解することが前提だと思います。「助けることは助けられること」を信条にして社会生活を送ること、それが私の理想です。

　　○○大学ではEAPのクラスにおいて研さんを積むことで、高い語学力を身につけることができ、また、そこで習得した英語力をツールとして世界の歴史や文化を学ぶことができます。入学後は、同学年の学生に限らず、たくさんの人たちと積極的にコミュニケーションをはかり、交流を通してその能力を向上させたいと考えています。また、3年次の留学では、直接異文化交流をすることができ、眼と耳からだけではなく、衣食住を肌で感じ、異文化を理解したいと考えています。貴学において、日々変化する世界の情勢に目を向け、また歴史をより深く学ぶことで、多角的な視野を培っていけると確信します。語学のスペシャリストから、さらにグローバルな視点を身につけたジェネラリストへと成長できるシステムと人材が充実していると考え、志望させていただきました。


〈ワンポイント評価〉

　考え方10「志望の熱意の具体性」をコンパクトにまとめ、将来の自分をアピールできています。

〈自己PR〉

　私は幼少時から中学生まで英会話スクールに通っていて、英語を常に身近に感じていました。中学生になると英語の授業が科目に加わり、いっそう英語に興味をもつようになりました。そこで私は、今現在も続けている英語スピーチ部に入部し、私の英語に対する情熱を、活動を通して保つことができました。中でも、英語でのスピーチコンテストの出場は私の人生において、最も刺激のある出来事でした。中学の頃から出場はしていましたが、そう簡単には入賞に至らず、悔しい思いをたくさんしたことを覚えています。練習をどれくらい積んでも、人前で話す、その上英語でそれをしなければいけない、ということに尋常でないほど緊張しました。それでも私は、「人前で話せるようになりたい。英語を使って思いを伝えたい。自分の英語力を認めてもらいたい。」という一心でコンテスト出場を続けました。

　高校入学後も、かわらず英語スピーチ部に所属しました。1年生のはじめに行われた○○大学の英語スピーチコンテストでは、スピーチを終えたあとの英語での質疑応答に戸惑ってしまった結果、大失敗してしまいました。他の出場者や先輩の様子を見ては劣等感を感じ、改めて自分が未熟な人間なのだと思い知らされました。英語は私の一番の得意科目で、それなりの自信もあったため、ショックは

大きかったです。しかし、いつまでも落ち込んでいるわけにはいきません。私はその失敗を次へのモチベーションにすることにしました。練習も以前より多くの時間を費やしました。練習すればするほど、私の英語はなめらかになり、少し顧問の先生に近づけるような感じがしました。そして、少し余裕をもってスピーチできるよう心がけ、その実行に努めました。そのかいあってか、次の神奈川県の□□大学主催のコンテストでは、入賞することができました。私は、最初の失敗が、この成功につながったことを実感できました。まさに「失敗は成功のもと」です。失敗なくしては自分自身を見つめ直さなかっただろうし、練習の量も飛躍的には増えなかっただろうと思います。中学の頃から、ただ漠然と好きだからやっていたことを続けてきたことによって、私は大切なことに気づきました。それは、目標を持ち、それを実行に移して実現させることです。このプロセスを通して、自分は精神的にも成長することができ、充実した日々を送ることができました。その過程では苦しいことも少なからずありましたが、それが今後の自分自身の成長の糧となることを確信しました。私は英語スピーチを通して自己を見つめ、飛躍することができました。

〈志望理由〉

　私が○○大学の国際学部を志望した理由は三つあります。海外の文化や経済のしくみなどについて、私は日本と比較しながら知識を

深めたいと考えています。そして、貴学では一つのことに特化せず、「文化・言語」「社会・ガバナンス」「経済・経営」と広い領域で、専門的なことを学んでいくことができることを知りました。また、「北米研究コース」「アジア研究コース」とさらに細分化されていて、数多くの科目が設定されています。色々な分野に興味をもつ私にとって、貴学ならではのカリキュラムがたいへん魅力的に感じられました。それが第一の理由です。第二は言語教育です。貴学は英語教育を重点的に行っていて、また、貴学部はさらに英語での専門科目が開講されています。部活動の顧問の先生がかつて私に、「英語は単なるコミュニケーションの道具。だから話せることではなく、何を話し、どう使うかが大事だ」と話してくださいました。私は、貴学部において、「英語を学ぶ」以上に、そのような実際社会に役立つ、世間に通用する本物の英語力というものを習得することができると考えました。専門科目の英語での発表、ディスカッションにはたいへん興味があり、挑戦したいと思っています。第三は二年次で原則となっている留学研修です。私は、ぜひとも長期留学をしたいです。なぜなら語学だけではなく、英語圏の大学での授業を履修する、ということに挑戦できるからです。それは私が想像している以上に、はるかに大変なことだと思います。しかし、挑戦することによって、英語力も知識もさらに高めていきたいです。

　もし入学させていただけたなら、自分の興味の分野の他、多数の

学問を学び、英語能力を向上させ、留学を終えたあとも専門分野の理解を深めていきたいと考えています。将来は、貴学部で身につけた国際的な教養と経験を活かすことのできる職業、できることなら海外と深く関わりありのある企業に就職したいと考えています。そのためには、やはり4年間で自己の視野を広げていくことが必要です。自分の興味ある分野や、自分の将来について考えれば考えるほど、やはり貴学部が最も自分を活かせ、より自分を磨くことができ、成長させられる場ではないかと思います。貴学部で多くの人とふれあい、あらゆる講義や、留学などを通して経験を積み、豊かな人間性と教養を身につけた女性を目指して、将来に向かって充実した大学生活を送りたいと希望します。

〈ワンポイント評価〉

考え方2「熱意ある自分を語る」をきちんと意識して、さらに考え方4「事実→思い→志望学科・志望理由」・5「時間軸」をもとに物語を構成しています。

> 私立大学・社会福祉学系統
> 自己アピール書

　私は高校時代の3年間、クラスのリーダーを務め、人をまとめることの大変さと尊さを学びました。ふだん何気なく時を過ごすだけならば、お互い何の気兼ねもなく話をできても、リーダーとしてクラスを

まとめていかなければならない時には、やはりリーダーである自分とクラスメイトとの間にわずかながら隔たりを感じます。そして、普段なら考えることのないような疑問、どうすれば皆が自分の考えを理解してくれるのか、どうすればクラス全体が良い雰囲気になるのかを、真剣に考えざるを得ません。自分が中心となって話をすることも大切なのですが、それ以上に他の意見を真剣に聞き、それについて考えることがクラス運営には重要な要素であると思います。また、その年その年のクラスの雰囲気やクラスメイトのタイプをいち早くつかみ、それを踏まえて話を進めていく必要があります。その実行と実現に悪戦苦闘し、心を砕いていたことが私を成長させました。

　そのような学校生活の中で、私は、以前から希望していた児童養護施設のボランティアを実行しました。施設の方の話によると、そこで生活をしている子どもたちの6割は家庭内で虐待を受け、他の子どもたちは両親のどちらかがいないという境遇でした。また、養育困難で預けられている子どもたちや、親が覚せい剤などの犯罪で捕まっている子どもたちもいました。出かける前は、自分の味わったことのないようなつらい経験をしてきた子どもたちを相手にするので、話し方ひとつも気をつけなければいけないと思い、身構えていました。

　しかし、実際に施設に行くや否や、幼児が勢いよく笑顔で飛びついてきて、年頃の中学生も普通の中学生と変わりなく普通にテレビを見ており、一般の家庭と何も変わらない雰囲気がありました。変わらな

いとはいえ、やはり自分の言動には注意しながら、子どもたちの遊び相手をしてみました。その時、どの子も独占欲が非常に強いことに気づきました。自分のやりたいことを一緒にやってほしい、自分の行くところには絶対についてきてほしい、口に出さなくてもそのように訴えかけてくるものがありました。どうすれば皆で良い雰囲気で遊べるのか、思いを巡らしたのですが、これはクラスリーダーとしての役割に近いものがあるのではないかと、その時に気づきました。それからは数人での遊びでも、それぞれの主張を真剣に聞くようにし、できるだけ多く応えるようにしました。すると、次第に私の周りに寄ってくる子どもたちも増え、最初は目も合わせようとしなかった中学生たちも話しかけてくるようになりました。どんな子どもでも真正面から温かく受け入れ、その子を知ろうとすれば、子どもは相手に信頼感を持ち、一生懸命話そうとする。その姿勢に自分も真剣に辛抱強く耳を傾けようとすれば、それは、子どもに対しての一種の愛情表現になるのだと実感しました。愛情を感じてはじめて、子どもは家庭や社会に安心感を持ち、居心地の良い社会をつくることができるのだということを肌で学びました。

　しかし、今回私が学んだことは、この日本の児童福祉の世界のほんの一部にしか過ぎません。その上、私は子どものケアの仕方だけを学ぶだけでは十分ではないと思います。親に子どものことについてもっと知ってもらってこそ、子どもにとって住みやすい環境ができると

思います。だから私は、児童福祉の事情を知り、子どものニーズを知ってから、さらに親のケアの仕方も学んでいきたいです。日本の児童福祉をより充実したものにするため、親のケアも充実させるため、日本の社会福祉を学び、子どもたちにとって住みやすい世界とはどのようなものかを、テーマに考えていきたいです。

〈ワンポイント評価〉

　考え方1「自己推薦書は志望理由書と同類」・2「熱意ある自分を語る」を前提に、考え方5「時間軸」・考え方7「壁」で物語を上手に組み立てています。

> 私立大学・文学部系
> エントリーシート

　私は高校1年生から2年生にかけての1年間、カナダに留学しました。そこで私は、「他者を知ることは自分を知ることである」ということを実感し、「他者とのコミュニケーションは自己とのコミュニケーションから始まる」ということを学んだと思います。

　カナダでは、一般家庭にホームステイしながら公立学校に通いましたが、予想を超える文化や生活習慣の違いに驚かされ、戸惑いを覚えました。それは私だけでなく、他国から来ていた留学生も同様でした。そこには私のような留学生がドイツ、ブラジル、韓国、中国などから来ていました。そこで、それぞれが感じていた自国との違い、

戸惑いを互いに話し合う場を提案しました。そうすることで、カナダだけでなく、留学生たちの母国に対しても互いに理解が深まっていき、徐々に交流を図れるようになりました。文化や生活習慣への戸惑いは、自国の文化の紹介へと広がっていきました。私は、留学生たちと共にMultiplicity Culture Clubというクラブを立ち上げました。主な活動内容は、Halloween等に各々の民族衣装を着たり、自分達の国の伝統的な食べ物を提供したりするというものです。続けていくうちに、「もっと日本について教えて欲しい」と言う子どもも出てきました。その時、私は戸惑いました。なぜなら、私自身が日本について知っていることがあまりにも少ないということに気づいたからです。カナダの文化や習慣について説明を聞いたあとで、いざ日本のことを比較して説明しようとしても、表面的な事柄については言えても、より深い由来や歴史的な部分については、ほとんど話せなかったのです。異文化交流を通して自国への知識のなさを痛感し、それを学ぶ必要を実感しました。

　私は、世界の様々な国の文化や習慣を知ることは、自国を見つめ直すことでより深くなるし、自国についていろいろな角度から捉え直すことが必要である、ということを学びました。この経験を入り口にして、今勉強し続けています。

〈ワンポイント評価〉

　考え方7の「壁」に対しての具体的な取り組みと、考え方9「アクションまでのプロセス」・11「過去の経験→今の自分→将来の自分」について見事に表しています。

> 私立大学・商学系統
> エントリーシート

〈志望理由など〉

①　私は将来起業し、幅広い教養を身につけた一人の日本人として世界の人々と協力し、よりよい社会を形成していきたいです。そのための進路を考え続け、そして私は○○大学に出合うことができました。貴学の少人数教育や留学サポート・就職サポートの充実に大いなる魅力を感じ、将来起業するために必要なすべての要素があると確信しました。○○先生の授業を受講させていただき、学問と日常生活の関連について、その入り口を見せていただいたようで感銘を受けました。入学後、ぜひより深く学ばせていただきたいです。また、新聞で拝見した△△先生の試験形態も、背景にあるお考えも大いなる魅力です。求めるコミュニケーションを、すべて満たしてくれるカリキュラム・設備が整備されていることに、強くひかれました。すばらしい環境の中、学究・情操面ともに大いなる成長を遂げ、生きた学問を身につけたく○○大学商学部を志望いたします。

② 　商学・金融学系において商業学を専攻します。1年次の後半から4年次までの期間、マーケティングについての勉強を、常にベースとして徹底的に学びます。また1・2年次のうちに簿記を自学自習します。高校時代1か月間オーストラリアにホームステイするなどして、私は英語を少し話すことができます。しかし、これでは「世界」を堪能できないし、もちろんコミュニケーション能力としては不充分です。まず、道具としての英語を習得し、その上で専門性を高めていきたいと考えます。在学中に必ずやアメリカに留学してマーケティングについて学びます。

③ 　私は、祖父と父から起業家として働くことの面白さを教わってきました。世界各国の人と関わりながら社会に貢献できる会社経営をすることが、いつしか私の夢となりました。卒業後は、夢への足がかりとして商社や諸外国と取引のある企業に就職したいです。そのためには、彼の地の歴史・文化・生活習慣を学び、コミュニケーション技術を高めることが必要です。人と人との関係のあり方への理解を深め、将来、身につけた教養を活かして、世界の人々と意見を分かち合い、相互に理解し、より良いアイディアを考案して新しいビジネスのプランを創っていきたいと希望します。そして、生まれた利潤を貧困に苦しむ人々へと還元できるシステムづくりに関わっていきたいと考えています。夢を現実のものとするために、地道な努力を積み重ねていくつもりです。

〈自己アピール〉

　高校1年生の夏期休暇においてオーストラリア、メルボルン市にある○○高校への語学研修に参加し、想像以上の文化の違い、自分の思いが伝えられないもどかしさに奮闘した。しかし、繰り返し意思疎通を試み、異文化を直接肌で感じるまでに至った。現地の人々に日本を知ってもらおうというコンセプトで、日本の踊りや歌などを披露し、さらなる異文化交流を図った。交流を深めることによって語学力も向上していった。初めは自分の思いすらまともに伝えることができなかったが、人々との関わりの中で、上達していくのを感じた。何よりお互いが積極的に自分の意見を堂々と述べ合うことによって、より良い考えに到達できるということ、またそうすることで大多数の意見を反映した、皆が納得する結論を導くことができるという利点も、実感できた。積極性は留学時に獲得し、その後発揮することができるようになったが、真の語学力は短期留学ではほとんど身につかない状態であることを痛感した。帰国後は、語彙力をつけたり、会話力が衰えないようにと○○という留学団体のボランティアに参加し、30か国以上の高校生との交流を図り、自らウィンターパーティー等を催したりした。

〈ワンポイント評価〉

　考え方 **2**〜**7**・**9**〜**11**をすべて取り込んでの記述になっています。

Ⅱ章

# 物語を
# つくる
# （自己推薦書を書く）

エントリーシート編

# 1
# 試験官は何を見るか

　いよいよ、自己推薦書（志望理由書）の作成です。キミの物語づくりに入っていきます。

　でも、少し待ってくださいね。キミの物語、誰がそれを読むのか？　そして、何をチェックされるのか？　まずは、それをもう一度確認する必要があります。

　キミが仕上げた物語を読むのは、もちろん試験官、すなわちキミが受験する大学の先生です。その先生がキミの自己推薦書・志望理由書を読むのです。

　では、国公立大学や難関私立大学の先生方は、まず何に着眼して読むのか、その視点は何か。

　大学の先生方から伺った話によると、試験官はまず、キミが「**大学・学部・学科での最低限の学びの素養・学力があるかどうか**」を見ます。次に、キミに「**大学での自発的な学びに取り組むための意欲があるかどうか**」を見ます。その内容を具体的にまとめてみました。

> 試験官の眼（め）1　大学・学部・学科での
> 最低限の学びの素養・学力はあるか

　①**基本的な言語能力（文章表現力）はあるか？**
　　● 正しい字形の表記や誤字・脱字はないか？

- ねじれのない文、主語・述語関係などをおさえた文など、日本語の文法を正しく使えているか？

- 問われていることに的を外さず答えているか？

②**基本的な思考力**（論理）があるか？

- 結論とそれを導く理由（論拠）を提示しているか？

- 感情とともに、論理的な表現があるか？

- 結果に至るプロセスが示されているか？

③**自発的**であるか？

- 自分の意見や主張などがあるか？

- 自分の考えのプロセスを示しているか？

- 自主的なアクションを示しているか？

試験官の眼2　大学での自発的な学びに取り組むための意欲はあるか

①**本音で語っているか？**

- 大学資料をそのまま引き写していないか？

- 型どおりの一般論でまとめていないか？

- 意欲を具体的に表しているか？

②**興味・関心を示す証拠があるか？**

- 興味・関心を示す具体的な証拠（エビデンス）を提出しているか？

③**入学後の意欲を表しているか？**

- 入学後の学びについて言及しているか？

Ⅰ章でも、**考え方 1 ～ 18**として、自己推薦書に書くべきポイントを見てきましたよね。上記の基本的な視点は、書く前にあらかじめチェックし、さらに、**物語完成後の最終チェック**でも活用してください。

　では、いよいよ自分だけの物語をつくっていきましょう！！

# 2
# 材料集めをしよう！

　キミの物語といっても、もちろんいきなりつくれませんよね。何から始めれ
ばいいのか？　文章化する手前にある作業は何か？　それは、**必要な要素
は何か**をもとに材料集めをするということです。

　ここではまず、別冊の「**サクセスノート**」を活用して、以下に示すさまざま
な要素について、具体的に箇条書きしていきます。また、「サクセスノート」は、
のちの面接練習でも大いに活用しますよ。では、まずは物語の完成に向けて、
まい進しましょう！

## サクセスノートに記入する事柄

 **1 志望大学・学部・学科をチェック！**

別冊
P.016

まずは、志望大学や学部などについて、材料を集めましょう。

A.　私の志望大学・学部・学科は？

B. 志望大学の建学の精神（大学の理念）は？

C. 志望大学・学部・学科のアドミッションポリシー（求める人物像）は？

Aは、すべての大前提です。これがすべての起点！

Bは、大学のホームページやパンフレットで確認してください。

Cについては、学部・学科ごとに打ち出している大学もあるので、最新の入試要項で確認しましょう。学部・学科ごとに打ち出しているものがあれば、その詳細をチェックします。さらに、I章で取り上げた**考え方1〜18**を活用していきます（「サクセスノート」のp.002に項目をまとめて掲載してあります）。今回は、アドミッションポリシー（AP）に関する**考え方12・13**を再読したあとに、志望大学のAPの要素を箇条書きするか、もしくは、APのコピーを取ってノートに貼るなどしましょう。

 **② 自分自身を過去・現在・未来でチェック！**

別冊
P.018

ここでは、「今の自分」を説明するための材料を集めます。また、**考え方5・11**を再確認してから、次の質問をもとに、それぞれの要素を箇条書きにしましょう。

質問のすべてに答える必要はありませんが、キミが思いつくことを、できる限り書いてみましょう。また、あとで思い起こすことがあったら、「サクセスノート」に追加しましょう。

**A. 私の過去・幼少期**

　a 子どもの頃にどんな家族の中で育ったか？

b 何人兄弟か？

c 子どもの頃はどんな子だったか？

d 子どもの頃の最も重大な出来事は何か？

e 子どもの頃、楽しかったことは何か？

f 子どもの頃、苦労したことは何か？

### B. 私の現在・現在に近い過去

a おもに高校で、どんな部活動をしていたか？

b おもに高校で、生徒会活動やボランティア活動を経験したか？

c 中学や高校で、どんな友人や先生に出会ったか？

d 教科の中で、一番得意なものは何か？

e どんなことに価値を見出してきたか？

f 長所と短所は何か？

g 特技や趣味は何か？

h 進路を考える時、どんな方向へ進みたいと思うか？

### C. 私の未来

a 何を学びたいか？　これからやってみたいことは何か？

b どんな勉強や研究をしてみたいか？

c 将来、どんな職業につきたいか？

d これからどんな生き方をしたいか？

e どんな生き方に憧れるか？

**3 エビデンス（証拠）づくり**
  **〜キミの本気度を自分でチェック！〜**

別冊
P.021

　次は、証拠（エビデンス）集めです。証拠とは何か？　それは、大学があらかじめ準備しているであろう「なぜ？」という問いに答えるための、具体的な材料のことです。これらについては、次の要素を箇条書きしていきましょう。このエビデンスは、面接においても、合否を決める重要な要素になり得ます。

## A.　キミの本気度を自分でチェック！

　まずは大学・学部等の志望理由です。考え方 4・9・10・17・18を再確認したあとに、質問の答えを箇条書きにしていきましょう。

> **志望理由**
>
> 　a　その学問（分野）を学びたいと思ったきっかけは、何か？
>
> 　b　その分野についてどんなアクションを起こしたことがあるか？
>
> 　c　なぜ、その大学・学部・学科でなければならないのか？
>
> 　d　具体的に興味・関心があるものはどういうことか？
>
> 　e　キミの志望がその大学・学部・学科に合致しているという理由は
> 　　何か？

## B.　キミの壁をチェック！

　次は、「壁」についてです。今までと同様に、考え方 7・11・17を再確認したあとに、質問に対する答えを、箇条書きしていきましょう。ここでは、キミがキミ自身で課題を見つけて行動することができるというエビデンスを、意識的に集めていきましょう。

### 私の壁

- a　どのようなことに取り組んできたか？
- b　なぜ、そのことに取り組んだのか？
- c　活動する中で経験した壁（困難・課題）は何か？
- d　壁をどうやって乗り越えたのか？　そのプロセスはどんなだったのか？
- e　壁を乗り越えるプロセスで気づいたこと、学んだことは何か？
- f　うまくいかなかったことがあれば、その理由は何か？
- g　うまくいかなかったことについて、どうしたら解決すると思うか？

## C.　キミのキャリアビジョンをチェック！

　エビデンス（証拠）づくりの最後は、キャリアビジョンについてです。キミの大学卒業後をイメージしてみましょう。

### キャリアビジョン

- a　大学卒業後に何をしたいか？
- b　大学卒業後にどうなりたいか？
- c　具体的な進学や就職のイメージはあるか？

　どうですか？　「サクセスノート」に箇条書きできましたか？

　これで、材料集めはおしまい。キミが集めた物語の断片。そのピースを取捨選択してつなぎ合わせれば、物語のおおよそは完成します。

　さあ、次はいよいよその物語づくりですよ。

# 3

## 文章構成を考えよう！

　では、集めた材料を調理（文章化）する作業に入ります。調理する前には、下ごしらえが必要です。下ごしらえ、それは**全体の構成を整える**ということです。つまり、どの順番に何を書くかを決めるということ、それに取り組みましょう。

　これから、そのオーソドックスなパターンを提示します。もちろん、文章構成が整ったあとに、段落の順番を入れ替えるなどして、アレンジすることもあります。まずはオーソドックスな構成でまとめてみましょう。

　オーソドックスな文章構成には、**考え方5**の活用が必要です。繰り返し読んでくださいね。まず、**考え方5**で示した時間軸で、全体の文章構成を整えます。そして、「サクセスノート」に書いた、**過去・現在・未来の自分**（2のA・B・C）と、**キャリアビジョン**（3のC）を、次に示した文章（段落）構成に挿入していきましょう。

《物語の構成》　　　　　　　　　　　　　　　　　　別冊
　　　　　　　　　　　　　　　　　　　　　　　　　P.024
〈第1段落〉過去の私

> **2のAのまとめ**
> ・かつての私についての内容まとめ

〈第2段落〉現在の私

```
2のBのまとめ

・現在の私についての内容まとめ
```

〈第3段落〉未来の私

```
2のCのまとめと3のCのまとめ

・大学入学後の私についての内容まとめ
```

　以上をサクセスノートに書き込んでいきましょう。そして、できる限り、接続語などを用いて段落ごとにその内容を文章化していきましょう。

　また、その際に、次の①・②の調理法も必ず採り入れていきます。

① 　過去（第1段落）・現在（第2段落）・未来（第3段落）の、どこでエビデンス〈3のA. 志望理由、B. 壁〉を挿入するかを検討する。

② 　考え方4 を再度読み返して、**自分の体験から考えたこと（具体的経験→抽象化→志望学科）** について、その内容をどこで表現するかを検討する。

　さらに、自己推薦書・志望理由書での要求字数が1500字以上で、かつ、入試要項でAPに言及することが示唆されている場合は、1**志望大学・学部**などに関する材料をどこに挿入するかも考える必要があります。考え方 12〜16を振り返ってから内容を検討して、第2段落あたりに挿入しましょう。

# 4

# どのように書くのか

　さて、物語の構成が完成しました。次はキミの物語を実際に書いていくことになります。はじめに、物語をどのように書くかという、書き方（表現方法）について考えてみましょう。

　総合・推薦入試において、**受験生に求められる能力の一つが、コミュニケーション力**です。もちろん、それは面接でチェックされるものですが、その手前の提出書類（エントリーシート）においてもチェックされるのです。たとえキミがしっかりとした考え・志望動機をもっていたとしても、その内容の書き方が稚拙だと、キミの思いはなかなか相手に届きませんよね。**相手に思いを伝える、その書き方の技術がコミュニケーション力なのですよ。**エントリーシートでは、それも試されるのです。ここでは、その基礎的な技術を一緒に学んでいきましょう。

## 「読める字」であることが すべての始まり

　提出書類は、そのほとんどで自筆を要求されます。つまり、自分の字を相手に見せるということです。これは、けっこう大切な要素で、人によってはク

リアするのに案外高いハードルになります。

　総合・推薦入試に限らず、「字はきれいでなくてもいいから、丁寧に書きましょう」なんてことが、一般的に受験時の注意点として挙げられたりもします。もちろん、そのとおりなのですが、「丁寧に」というところを、もう少し具体化させて確認する必要があります。

　たとえば、自分としては「丁寧だ」と思っていたとしても、それはあくまでもキミの主観であって、読み手がそのように受け止めてくれるかどうかは、わかりませんよね。では、まずキミは、どのような心構えで字を書けばよいのでしょうか？

　それは、**読み手にとってわかりやすい字を書こう**とすることです。この心構えが、エントリーシート作成において、一番大切なことなのですよ。

　まずはキミのエントリーシートの読み手を、想像してください。大学・学部によっては、かなり年配の先生がそれを読むであろうことが想像されます。どちらかといえば、そういった方々のほうが読む機会が多いのかもしれません。よって、年配の先生が、キミの書類に直接関わる採点者なのだという前提に立って考えてみましょう。少し年配で、目が悪くなったりしている方が読む場合、キミの記す一文字一文字が、小さくて筆圧の弱い字だったら、どうでしょう？　たぶん、読む気にもなりませんよね。実際、大学の先生のそのような嘆きを耳にしたことがあります。

　実は、キミの書く文字が、合格までの道のりの中で、けっこう大切な要素なのですよ。特に字数をたくさん要求する、たとえば、原稿用紙5枚以上レベルでエッセーなどを書かせる大学・学部においては、読みにくい字は致命傷になりかねません。

　ではどうすればいいか？

私は、今まで、くせ字や読みにくい字を書く教え子たちに対して、必ずある
ことを強制的にやらせてきました。それは、「ひらがなの練習」です。エント
リーシート提出の2、3週間前に、ひらがなの「あ」から「ん」までを、ひたす
ら練習させました。「えっ？」と思うでしょう。「高校3年の夏以降、大学受験
の大事な時期にひらがなの練習なんて……」と思っているそこのキミ。「急が
ば回れ」ですよ。

　気の遠くなるような話に思えるかもしれませんが、なに、たいしたことはあ
りません。真剣に取り組めば、見違えるような字に変身します。そして、キミ
の書くひらがなが、お手本のような、わかりやすく読みやすい字に変わると、
不思議なことに漢字もバランスよく書けるようになって、読みやすくなります。
何より、採点者にとって、とても丁寧でわかりやすい印象の字に変身します。

　まずは、自分の字について、第三者、できれば50代以上の年配の方に、客
観的な評価をお願いしてみるのもいいかと思います。そして、要改善という場
合は、ひらがな練習！　エントリーシート提出前に、やってみてくださいね。

　「書かれた字」そのものも、コミュニケーションツールであると、心して準
備に取りかかってください。

　ここで、字の練習を含めた、書類提出までの手順を確認しておきましょう。

① 書類内容（志望大学の求める自筆での記述書類・自己推薦書・志望理由書・課題など）を完成させる。

②「ひらがな」のクセ字を直す練習をする。

③ 下書きをする。

④ 第三者、友達や年配の人に読んでもらい、アドバイスをもらう。

⑤ 鉛筆で薄く提出用紙に清書する。

⑥ 誤字・脱字・クセ字などの最終チェックをする。

⑦ ペンで清書する。

⑧ インクが完全に乾いてから、鉛筆の文字を消しゴムでゆっくりと消す。

⑨ 再度、最終チェックをする。

## オーソドックスな書き方で読みやすく

　はじめに、字が読みやすいことを表現上の第一のポイントとして挙げました。ここでは、第二のポイントとして、誰もが基本として身につけなければならない、オーソドックスな表現上の注意点を挙げますね。具体例として、難関私立大法学部AO入試合格者の合格志望理由書（約1000字の指定）を挙げます。ぜひ音読してみてください。

　私の大学卒業後のロードマップは、地方公務員として地方行政に関わり、街づくりに参画することです。将来、地方公務員として法の精神を社会へ帰し、地域をより良い社会生活へと導くことで、社会貢献したいと考えます。そのためには、法律学全体を広い視野に立って学習し、根本から理解することが必要です。私は、法を体系的に学ぶ環境が○○大学○○部○○科にあると確信し、志望いたしました。私はディベートの授業に熱心に取り組んできました。議題のほとんどが現代社会の問題でした。議論を重ねる中で「どの議題にも憲法や法律と関わりがある」ということに気づき、社会問題と法との密接な連関を実感しました。そして、法を学ぶことで社会問題の理解を深められると考えました。「社会あるところ、法あり」で、どの時代にも規律やルールは存在しましたが、過去において、それは人々を制限するものに過ぎませんでした。しかし、今日の法の在り方は国民の権利と自由を守り、より良い生活を保障するためのものです。自由や平等、平和といった法の精神は、普遍的なものです。法を学ぶ意義は単に条文に従うことではなく、いかに法律をより良い社会を築くための手段とするか、いかにして法の精神を社会へ還元するかです。この考えを下敷きにして、学びを深めていきたいです。私は○○先生の『よくわかる行政学』を拝読し、自身を取り巻く地域についての興味が、より深まりました。一方、条例などは憲法に依拠しており、社会と深く関わっている憲法や法律について、知らないことが多いことにも気づきました。入学

後は行政法を含めた法律全体を学び、広い視野を養いたいです。また、憲法や法律を学ぶことで、さらに深く社会問題を考えたいです。

先日のオープンキャンパスでは、1年次の基礎演習の授業を受けました。法学の特徴は答えが一つではないこと、そして、多様な視点から物事を考え論理的に展開する力が求められることを、教えていただきました。

多様な価値観をもつ多数の学生との出会いを大切にして、仲間と様々な議論を深めたいです。そして視野を広げ、思考を深め、多様な視点から物事を考えることのできる人となれるよう努力を継続します。

どうでしょう。音読してみて読みやすかったかどうか、それが、表現の巧拙についての一つのポイントになります。

この文章、なぜ、読みやすいのか？　理由として、以下のことが挙げられます。

①一つ一つの文が短い
②主・述関係の整った文を、的確に用いるように心がけている
③句読点を意識して表現している
④文と文とのつなぎ方に工夫が見られる

これらの表現の仕方について、詳しく見ていきましょう。

☞ 　**自己推薦書のオーソドックスな**
　　　　**表現ポイント**

## ①一文は、できるだけ短く簡潔に書く

　一つの文に、修飾語を重ねてたくさん使わないように心がけます。あくまでも相手が読みやすいと思われる長さにこだわります。

## ②できる限り、文中に主語を入れる

　ただし、同じ主語の羅列は、文章全体が幼くなってしまうので、避けます。（例）×「私は〜。私は〜。私が〜。私も〜。」

　日本語は、そもそも「述語文化」なので、主語を省略しても相手に意味が通じることがほとんどです。ただし、述語によっては、それに対応する主語を明記したほうがよい場合もあります。述語に何を用いたかによって、主語の有無を的確に検討してください。

　（例）　「今日の法の在り方は国民の権利と<u>自由を守り</u>、より良い生活を<u>保障</u>
　　　　<u>するためのものです</u>。」←「自由を守り」「保証するためのものです」という
　　　　　　　　　　　　　　　　述語に対応する主語は絶対に必要。

　　　　「……実感しました。」←「実感」したのは当然「私」であり、また「私」の羅
　　　　　　　　　　　　　　　列を避けるためにも、「私（主語）」を省略する。

## ③句読点を意識する

　句点「。」は文の終わりを示す記号です。すでに①で挙げたように、一文はできるだけ短くするように心がけます。よって、文章全体としては、句点の数は多くなりますよね。自己推薦書などのエントリーシートは「書き言葉」で

書くものですが、「話し言葉」も意識して表現するように心がけましょう。なぜなら、このエントリーシートをもとにして、面接が行われるからです。面接では、もちろん「話し言葉」を使いますよね。目で読むのではなく、耳だけで聞いたときにも、わかりやすい長さで一文を表現することを心がけましょう。エントリーシートの文と面接時の受け答えが、同じような長さだと、その両方に関わる採点者にとって、キミの伝えたい内容がすとんと胸に落ちやすくなります。また、キミが面接の準備をする時、一文を短く書き表しておくと、受け答えがしやすくなり、それが本番での成功につながったりもします。

　一方、読点「、」についてですが、この読点、キミは意識したことがありますか？　読点は、言い換えると「ブレス記号」のようなものです。誰にとってのブレス記号なのかといえば、もちろん、それはキミではなく、読み手にとってです。読み手が息継ぎをする、また書かれた内容を捉えるうえで、切って読んでもらった方がよいと思われる位置に、読点を打つように心がけましょう。


### ④文と文のつなぎ方を工夫する

　文と文のつなぎ方には、二つの方法があります。一つは接続語ですよね。接続語には次のようなものがあります。


　順接…こうして・すると・そこで・それゆえ・だから

　逆接…だが・しかし・けれども・〜が

　並立…また・とともに・〜と同時に・〜つつ・〜ながら・と・も

　添加…さらに・しかも・そして・〜だけでなく・加えて・〜ながら・そのうえ

接続語一つで、相手への伝わり方が変わる場合もあります。実際にエント
リーシートを仕上げる際には、キミの隣に文法書を用意して、接続語を確か
めるようにすることをお勧めします。ただし、多用しないことです。読み手が
くどいと思わない程度に使いましょう。また、逆接の接続語のあとに、自分の
言いたいことの軸を置くようにすると、読み手にとって読みやすいだけでなく、
その内容が伝わりやすくなります。

もう一つの方法、それは指示語です。同じ単語の重複は、できる限り避け
ましょう。そのために、指示語を使います。「こそあど言葉」です。直前の具
体的な単語を言い換えて、「この・その・あの・どの」などを用いて、文と文
とをつなぐことを心がけましょう。

（例）「……社会貢献したいと考えます。そのためには、……」

　　　「……いかにして法の精神を社会へ還元するかです。この考えを下敷
　　　きにして、……」

## 読み手が想像しやすい表現の工夫

　志望理由書が500字程度の短いものであれば、オーソドックスな表現の
仕方を心がければよいと思います。ただ、提出するエントリーシートに、作文・
課題レポート・1000字前後もしくはそれ以上の字数を要求する自己推薦書
や志望理由書などがある場合は、表現が単調にならない工夫が必要です。
特に、読み手がキミの表現した状況・様子を思い浮かべられるような、相手
が想像しやすい表現にするにはどうすればよいかという工夫が、必要になり

ます。どんな工夫かというと、**相手が思い浮かべられるような表現、読み手の視覚に自然と訴えるような表現**を意識することです。

　これはかなり独特な方法ですが、昭和後期のポップスには、そのヒントがたくさんあるので、エントリーシートを仕上げるときに聴いてみるのもよいかと思います。

　たとえば、さだまさしさんの歌詞には、手紙のような形式で自分のことを「独白（モノローグ）」しているものが多いのですが、それはモノローグに留まらず、「対話（ダイアローグ）」につながるものでもあります。

　自己推薦書も一種のモノローグですが、それは自分の思いを相手に伝え、相手との開かれた関係をつくる、ダイアローグのためのものです。さださんの書く歌詞を参考にしてみてください。そして、さださんの歌詞は、相手に上手に情景を想像させていますよ。

　昭和のポップスを参考にしてみるというのは、キミの文章に奥行きをつくり、文章全体を立体的にして、リアリティを感じさせられるようにする、一つの方法かと思います。「文章上達法」といった本を読んでみても、すぐに、うまく表現できるようになるものでもありません。昭和のポップスには、その表現方法を案外すぐに流用できる要素がありますよ。

　また、自己推薦書においては、**相手に意欲を伝える必要**があります。どこで比喩的・隠喩的な表現を用いて、**自分の意欲を表すか、どのようにして強調するのか、一考する**ことも大切です。たとえば、最後を「努力します」で締めくくるのではなく、「努力を強調すること」に力点を置き、「努力を積み重ねます」としてみます。さらに付け加えて「足元から努力を積み重ねる覚悟があります」とすれば、少しオーバーですが、自分の意欲を相手に伝えるためには、よい表現といえます。

このような表現の事例は、I章で紹介している「サクセスストーリー」にも出てきます。ぜひ、学んで（マネて）くださいね。

# 5
## 文章にしよう！

| 自分だけの物語を書こう |
|---|

別冊
P.030

　文章構成が完成し、注意すべき表現ポイントの確認もしました。あとは、キミの物語の全貌がわかるように表現していくだけです。物語を書く前に、「**サクセスストーリー**」も読み返してみてください。必ずキミの物語をアシストしてくれるはずです。

　ここまでくれば、どんなに文章表現が苦手な人も、形を整えることが可能ですよ。

　さあ、「サクセスノート」にキミの物語を書いていきましょう！


　しかし、もしかしたら、「期限がせまっていて、時間をかけて書くことができない」という人もいるかもしれません。そのような人のために、自己推薦書の一つのパターンを次に提示しますね。時間のない人は、これを利用して書いてみましょう。ただし、次の例では大学の建学の精神やAPについては言及していません。

　私は、幼少時より【　　】というものに対して、漠然とした興味を抱いていました。そこから派生して○○時代には【　　】する自分がいました。【　　】に身を置くこと、そして、【　　】を経験することで、私はよりいっそう、その魅力にひかれていきました。

　高校では、【　　】についての活動に取り組みました。しかし、【　　】という壁に突き当たり、そこから、私は【　　】することの大切さを学びました。その経験が、私を○○大学○○学部○○学科を強く志望することへと導いたと、確信します。私は、なんとしても貴学○○学科で、【　　】についての学びを深め、人としての視野を広げていきたいと考え、志望します。

　入学後の【　　】年次に【　　】を選択し、自分のフィールドワークを広げていきます。そのためには、【　　】年次の【　　】において【　　】を中心に身につけていくことが先決です。大学4年間でいかにして自己の視野を広げていくかが、私の課題でもあります。足元を見つめ教養を身につけるべく努力していきたいと考えています。また、【　　】を経験したいです。今までは親の庇護のもと何不自由なく生活してきましたが、これからは【　　】で自分自身を成長させていくことができたらと思っています。多くの人と触れ合い、経験を積み、豊かな人間性と教養を身につけること、それが私の大学生活の前提となる目標です。私は、【　　】を目指して充実した大学生活を送ります。

そして、卒業後は【　　】の分野で社会貢献できるようになる。それ
が私のキャリアビジョンの柱です。入学後も足元から努力を積み重
ねていく覚悟があります。

この自己推薦書の例は、過去・現在・未来の3段構成にしてあります。そし
て、第3段落の分量が多いですよね。あえて参考にしやすいように増やして
あるだけなので、短くしても何ら問題はありません。一方、第2段落は短くし
てありますが、こちらに**エビデンス（証拠）としての具体的な事例を追加して、**
内容を増やすこともありですよ。

また、たとえば未来についての内容を少なくしたければ、それを第1段落
にもってきて「私のキャリアビジョン、それは、【　　】というものです。この
目標のためにも、○○大学○○学科での学びが、私には必要です。」という
程度に収めておいて、**第2段落を過去、第3段落を現在でまとめる構成**もあ
りですよ。最初に志望理由のまとめをもってきても大丈夫です。

もう一つ、短めのパターンを挙げておきますね。こちらは穴あきの形には
なっていませんが、青字の表現などを中心に参考にしてください。

> 自己推薦書のパターン2
> （制限字数500字〜800字程度）

企業人として国際的なビジネスを通して、世界の抱えている問題
に向き合うことで社会貢献をしていく、それが私のキャリアビジョン

5 文章にしよう！

です。その実践的な知識・教養を身につけるには、○○大学○○学部での学びが必要であると考え、志願いたしました。

小学生の頃に、セヴァン・スズキが国連の環境サミットで、世界の諸問題について、自分の想いを訴えかける姿を見て、彼女の世界と向き合う真摯な姿に感銘を受けました。そして世界へと目が開かれていきました。世界の抱える課題に向けてアクションを起こしていきたいという今の思い、解決の一つの方途として企業経営に参画し、発展途上国にも利益誘導できるような活動をしたいという強い思いを抱くきっかけが、そこにあったと思います。

高校生になってからはチャリティープロジェクトを行い、社会貢献への達成感とともに、その困難さを実感しました。私は○○精神に基づいた学校で過ごしながら、リーダーとして一人ひとりに与えられた力を十分に引き出すことに努め、また個を主張するのではなく他者との協調を図ってきました。入学後も「他者とともに他者と生きる」というヒューマニズムに基づいた理念のもとで、国際的視野をもってリーダーシップを発揮していきたいです。そのためには今から国際経済学の基礎を学び、国家間の経済取引について理解を深めていく必要があります。また、国際問題の要因を理解し、解決策を生み出せる企画力を育むことも、私にとっての課題です。国境を越えて共生するには、他者を知ることと他者を受け入れる姿勢をもつことが前提です。そして、発展途上国の抱える問題、その文化・歴史的背景について深く学び、実際に対象となる国々を訪問して視野を広げたいです。

さて、キミの物語、もう書けますね。書けたら、最後に推敲<sup>すいこう</sup>しましょう。キミの書いた物語が、大学に与えられた枠や字数を超えている場合は、当然短く手直しする必要があります。その時に基準にすべき事柄を、次で述べていきます。

## 自分の文章を「点検」しよう！

初めて文章化し、それが、大学入試要項の指示どおりの字数や決められたスペースにいきなりぴたりと収まるなんてことは、まずありえません。

その点については心配ご無用！　たいてい、制限字数（スペース）オーバーになってしまうもの。字数を減らすには、まず、**キミの物語の具体的な事実と、抽象化した思いを、それぞれ違う色のマーカーでチェックしましょう。**具体的な事実についての表現が分量として多ければ、それを減らし、抽象化した思いについての表現が多ければ、そちらを減らすようにしましょう。

字数が足りない場合も同様です。今度は少ない方を増やすようにすればいいのです。そして、最後に以下の事項について自己点検、もしくは第三者による点検を行ってくださいね。

自己推薦書　最終チェック項目

☐ 入試事項の要求・指示どおりに書いているか。

☐ 自分の言いたいことが、伝わっているか。

☐ 自分がきちんとものを考えている人間であることが、伝わる内容か。

□ 引用や事例が、前後の内容とつながっているか。

□ 指示代名詞や語句の誤用がなく、相手にとって意味不明な部
　分がないか。

□ 同じ段落において、話があちこちに飛んでいないか。

□ 全体の内容の中で、矛盾のある箇所はないか。

□ 同じ段落において、文と文の意味がつながっているか。

□ 同じ段落において、前後の内容に飛躍はないか。

□ 接続語や指示語の使い方を間違っていないか。

□ 主語がないために意味が通じなくなってはいないか。

□ 文末表現（敬体または常体）は、統一されているか。

□ 一文ずつチェックして、誤字脱字を確かめたか。


チェックを終えたら、これで、キミの物語は完成です！

Ⅲ章

# 課題レポート・推薦書を知る

エントリーシート編

# 1 課題レポートとは

　ここからは、**課題レポート**について見ていきます。レポートが必須の大学を志望する受験生のみなさんは、しっかり読んでくださいね。

　課題レポートでは、**課題に隠された出題者の意図**という「的」を外さないための心構えが、必要になってきます。レポートには、必ず課題があります。そして、その課題についての説明文を理解することが大切です。では、どうすればいいのか？　実際の合格課題レポートを取り上げながら、説明していきますね。

　次で紹介する合格課題レポートの入試要項に書かれていた**レポートの課題**は、次のとおりです。

レポートの課題

> 「わが国において、社会福祉がますます重要になっています。その理由についてまとめ、あなたの考えを述べなさい。」（800字程度）

　この課題に対して書かれた合格課題レポートを、読んでいきましょう。

## 喪失から生まれた社会福祉

　今日、社会福祉の重要性が高まっている。なぜそうなのか、自分なりに考察してみた。

　辞典によれば、社会福祉とは「所得を一定水準まで上げ、医療、住宅、教育、レクリエーションなどの福祉を増大させようとする活動、制度。権利的性格の明らかな最低生活保障制度としての公的扶助を基軸に、社会的障害をもつ人々に対する心理的・社会的援助を含む包括的な対人サービスの制度」とある。私はこの中の「公的」「社会的」「対人サービス」を手がかりに考えてみた。

　現代は、個の快適性を追求する社会である。それは、病院や福祉施設においても例外ではないだろう。その点において、社会福祉の質的向上が求められるのは当然だ。しかし、それは社会福祉が重要であることの理由にはならない。では、なぜ社会福祉が重要（必要）になってきたのか。それは何かが失われてきたからだ。核家族化や少子高齢社会については、私でも分かる日本の社会状況だ。そして、このような状況と同時に失われてきたものは何なのか。それは、人と人とが支え合うという人間関係そのものではないのか。

　東日本大震災後から、「絆」という言葉に触れる機会が増えた。私

たちの「絆」が希薄だから声高に言う人がいるのかもしれない。1学期の授業で『ALWAYS 三丁目の夕日』という映画を観た。私が知らない昭和のコミュニティが描かれていて、そこにはまさに「絆」が存在していた。そして、「私的」が「公的・社会的」につながる、「対人サービス」とは違った、うっとうしいとも感じられるほどの人と人との関わりが見て取れた。私にとっては感動的な映画だった。人と人とが関わることは厄介さを伴う面倒なものだと思う。中学2年まで東京のマンションで暮らし、○○に引っ越した頃に、私はそれを実感した。私たちは、そのうっとうしさから逃れ、個の快適性を追求した結果、対価を払い、あるいは補償を受けて、福祉サービスを手に入れようとしているのかもしれない。

　今日、社会福祉の重要性が高まっている理由の一つ、それは二度と手に入れられない地域コミュニティの喪失が元にあるからではないか。福祉はかつて存在したものの代償の一つかもしれない。


どうですか。説得力ありますよね。どうしたらこんなふうに書けるのでしょうか。


まず、レポートを書く前に行うべき重要なことがあります。それは何か？次の二つを実行しましょう。案外、簡単なことですよ。

1. 入試要項の課題の説明を、**10回以上**音読してみる。
2. 課題の説明の中から、キミが書くべきポイントを探る。

書くための手がかり、それはまず、課題の説明を「10回以上読む」こと！

10回以上読めば、必ず何かが浮かんできます。それを「気づき」といいます。課題を繰り返し音読してみて、何か「気づき」ませんか？　…しばし沈思黙考。

では、今回の課題について、ポイントを分析しますね。書くための「気づき」のポイントは、次の語句です。

「わが国において」「社会福祉」「ますます重要」「その理由」
「あなたの考え」

「なぁ〜んだ、説明の文中の語句全部じゃないか」なんて、思わないでくださいね。すべての語句に細心の注意を払って、出題者の意図を読み取ることが大切なのですよ。だから実は全部大事！

では、それぞれの言葉を詳しく見ていきましょう。

## 課題のポイント①
## 「ますます重要」「その理由」

「ますます重要」や「その理由」は、ポイントとして見落としがちな表現ですが、十分に注意を払って、課題説明の文中の言葉の背景を捉えましょう！

課題説明を読む際、一番の着眼点は、何か？　それは、I章の自己推薦書の説明でお伝えした**考え方5**の「時間軸」の要素があるかということです。

ここでは、「ますます」という言葉に、過去から現在へと移り変わっていく**時間軸を見出せれば**、課題に対する的を射たレポートが書けるのです。

いや、ホント！　これこそがキミの捉えるべき最も大切なポイントなのです。書くためのヒントが隠されています！　どういうことか？

「ますます重要」とは、**過去よりも現在や将来において、重要な課題になってきている**ということ。まさに**時間軸**が示されているわけです。では、過去はどうだったのでしょうか？　**今よりも、社会福祉は重要な問題ではなかった**ということになります。

「その理由」とは、どういうことでしょう？　「**わが国において、過去には存在していて、現在は見かけなくなっているものがある**」や「**過去には目立たなかった事柄が、今、顕在化してきた**」などの状況が想定でき、それが原因で、**社会福祉は「ますます重要」な問題になった**という流れが考えられます。この流れで書けそうですね。

この「時間軸」の視点、いきなり活用できるようになるのは、少々難しいかもしれません。でもね、自己推薦書を書く際のポイントである**考え方5**を、課題レポートにも活用できることを、今、キミは知ったのですよ。今後、キミが課題説明を読むときに、この「時間軸」の視点で読めばいいのです！　勉強の合間に、いろいろな大学・学部のレポートの課題説明だけをピックアップ

して、時間軸があるかどうかを探ってみるのもよいかと思います。

### 課題のポイント②
### 「わが国において」

　この言葉には、**地理的な限定条件が示されている**と考えてみましょう。「わが国」とは、簡単に言うと、自分の国のこと。当たり前ですね。つまり、レポートに書く対象は自分の国の社会福祉のこと。よって、まず、よその国ではなくて**自分の国の特徴を挙げてみることが必要**になります。

　では、日本はどのような国ですか？　現代の日本社会の特徴を表す語句を思い浮かべてみましょう。何だか、現代社会の授業のようですが……、そう、なかなかピンとこない人は、「現代社会」や「政治・経済」の教科書などを開いてみるのも、手っとり早い方法ですよ。

　「先進国」「技術立国」「少子高齢化」「核家族化」などなど、いろいろな言葉が浮かんできますよね。**それらのどれか一つ、あるいは複数の特徴と、「社会福祉」とを結びつけていくこと**、それがここでのポイントになります。

　課題レポートの本質は、「私は出題者の意図や課題のポイントがわかっており、こう考えていますよ」と、大学に提示することなのです！

　**「日本の国の○○という特徴が、社会福祉と関係している」**という筋道を示すこと、それが大切なのです！　「わが国」を「わが国の特徴」に広げて**考えられるかどうか**ですね。いきなりは無理でも、ここでのポイントの説明が、キミ自身の課題レポート対策の大きな力になるはずですよ。

## 課題のポイント③ 「社会福祉」

　まず、「社会福祉」という語についての、自分なりの定義づけ、あるいは辞書的定義づけが必要です。いずれにせよ、読み手（採点者）に理解されるように、**自分が考える社会福祉とはこのようなものである**、ということを示すことが必要です。それだけでいいのです。

　でもね、キミの中にある先入観やバイアス（偏り）・傾向によって、社会福祉という言葉に重点を置いてしまい、社会福祉に関しての説明書を大量に（ムダに）読みあさり、そのことで、**出題者の「的（出題意図）を射る」という、課題レポート作成の最大の目的**から遠のいてしまうことが、よくあるのです（そんな受験生をたくさん知ってますよ！）。多くの受験生が、こうしたワナにはまってしまいます。

　いきなり社会福祉に関する知識を得ることに走ってしまうのではなく、**まずは、課題説明の文を、思い込みや先入観を排除した状態で読むということの大切さ**に気づいてください。

　一般的な受験生は、社会福祉についての知識を示さなければいけないと早合点してしまいがちです。そして、その類（たぐい）の本から、書くための手がかりを何とか見つけようと、血眼になって探そうとしてしまいがちです。レポート提出期限までの時間があると、余計そうなってしまうのかもしれません。そうなると、負のスパイラルに落ち込みます。結局、何をどう書けばいいかわからなくなり、泥沼にはまってしまう。けれども実のところ、大学は、キミの社会福祉についての知識なんて求めていませんよ。ちょっと調べればコピペできるような上辺だけの知識を求められているわけではありません。読み手（採点者）は、その分野におけるプロですよ。付け焼き刃の単なる知識は簡単に見

抜かれます。読み手はあくまでもキミの考え方、ものの見方について、レポート内容を通して知りたいだけなのです。

　もう一度言います。課題の的を射る形で、**自分の考えを提示できる力が**あるかどうかを見られているのですよ。だから、「社会福祉」への見識を示すことに重点を置く必要は、まったくないのです。「社会福祉」という言葉そのものについては、「私は、社会福祉は……と定義づける」「社会福祉は……と……によって定義づけられている」などの簡単な定義づけでOKです！　これは、キミが今後書くことになる実際の課題レポートについても同じことなので、注意してくださいね。

　単なる言葉の定義づけと、自分の考えを示すこととをごちゃ混ぜにしてしまわないこと！

### 課題のポイント④<br>「あなたの考え」

　この言葉はもちろん、受け売りではない、**あなたのオリジナルの考え方を**問うています。いいですか？　大学はキミの知識ではなく、あくまでもキミの考え方を知りたいのですよ。大学が確認したいことの第一、それは与えられたテーマに対するキミの考え方です。

　課題レポート対策をまとめると、次のようになります。

レポートを書くためのポイントは、大学の示す**課題の説明**の中に隠されていている。**課題説明の言葉の中から、ポイントを探り出す姿勢をもつこと**が大切！

その際に、**時間軸**がポイントになるかどうかをチェック！

　合格課題レポートでは、「かつてはあったもので、**今なくなってしまったものは、地域のコミュニティ**であり、**地域のコミュニティがなくなった**からこそ、**ますます社会福祉が重要になってきた**」という、課題の意図にきちんと沿った骨格をつくっています。あとは、それをコンパクトにして題名をつけ、肉付けをして文章化すれば、できあがりです！

　「肉付け」は、社会福祉関係の書物や、新聞や雑誌の記事、小説や映画などから骨格に合う情報を見つけて、活用することです。制限時間のある小論文とは違って、課題レポートを仕上げるまでには時間があります。そして、ネタは身の回りのあちらこちらに転がっていますよ。大切なのは、あくまでも**出題意図の的を射て、骨格をつくる**ということです！

　時間軸で整理すると、

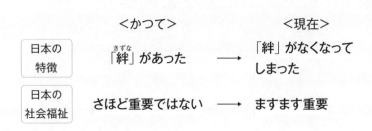

これに、合格課題レポートにあった「**地域コミュニティ**」というキーワードなどを加えれば、書き方や書く順序に関係なく、「私は課題の意図がわかってます！」というプレゼンになるということです。

仮に、キミがこの課題に対するレポートを書くならば、もちろん「地域コミュニティ」をキーワードにしなくてもいいですよ。ほかに、「**かつてはあったもの→今はなくなってしまったもの**」で、**社会福祉に関わるもの**を想起できれば、何でもOKなのです。違う筋道、たとえば「**今まで隠れていたもの→今表面化してきたもの**」などでもOKです！　要するに、キミが**時間軸**で思考を組み立てている、ということが大切なのです！

では、改めて合格課題レポートを分析しましょう。文章中の現在の日本の特徴についてのポイント、問題・疑問の提起（①・②）、それに対する回答を意識して読んでみましょう。

合格課題レポート
（再掲）

喪失 から生まれた社会福祉

現在の
日本

　今日、社会福祉の重要性が高まっている。①なぜそうなのか）、自分なりに考察してみた。

疑問

　辞典によれば、社会福祉とは「所得を一定水準まで上げ、医療、住宅、教育、レクリエーションなどの福祉を増大させようとする活動、制度。権利的性格の明らかな最低生活保

障制度としての公的扶助を基軸に、社会的障害をもつ人々に対する心理的・社会的援助を含む包括的な対人サービスの制度」とある。私はこの中の「公的」「社会的」「対人サービス」を手がかりに考えてみた。

現代は、個の快適性を追求する社会 である。それは、病院や福祉施設においても例外ではないだろう。その点において、社会福祉の質的向上が求められる のは当然だ。しかし、それは社会福祉が重要であることの理由にはならない。では、②なぜ社会福祉が重要（必要）になってきたのか。それは 何かが失われてきたから だ。核家族化や少子高齢社会については、私でも分かる日本の社会状況だ。そして、このような状況と同時に 失われてきたものは何なのか。それは、人と人とが支え合うという人間関係そのもの ではないのか。

回答

東日本大震災後から、「絆」という言葉に触れる機会が増えた 。私たちの 「絆」が希薄 だから声高に言う人がいるのかもしれない。1学期の授業で『ALWAYS 三丁目の夕日』という映画を観た。私が知らない 昭和のコミュニティが描かれていて、そこにはまさに「絆」が存在していた。そして、「私的」が「公的・社会的」につながる、「対人サービス」とは違った、うっとうしいとも感じられるほどの人と人との関わりが見て取れた 。私にとっては感動的な映画だっ

た。人と人とが関わることは厄介さを伴う面倒なものだと思う。中学2年まで東京のマンションで暮らし、○○に引っ越した頃に、私はそれを実感した。私たちは、そのうっとうしさから逃れ、個の快適性を追求した結果、対価を払い、あるいは補償を受けて、福祉サービスを手に入れようとしているのかもしれない。

　今日、社会福祉の重要性が高まっている 理由の一つ、それは 二度と手に入れられない地域コミュニティの喪失が元にあるから ではないか。福祉はかつて存在したものの代償の一つ かもしれない。

# 2
# サクセスストーリーを読もう
## （課題レポート）

では、その他の合格課題レポートを紹介します。色字は、参考にしてもらいたい表現です。ぜひ読んで、キミがレポートを書くときに活用してください。

> 課題

あなたが現在関心をもち、大学でさらに学びたいと考えているグローバル・イシュー（地球規模問題）を一つ取り上げ、それがどのような問題なのか説明した上で、その理解と解決のためにグローバルな視点とローカルな視点がどのように重要であるかを、具体例を挙げながら述べなさい。

> 私立大学・グローバル学部系統
> 課題レポート

父の実家は、山口県で鮮魚店を営んでいる。幼少時に訪ねた祖父母の家の食卓には、よく、くじら料理が並んでいた。私はくじら肉を好んで食べるほうではないが、くじら料理は、幼い頃から身近に存在

するものであった。

　高校入学前後から、ニュースや新聞で「シーシェパード」という言葉を目にするようになった。私はその言葉を調べていくうちに、日本が捕鯨していることに対して批判する団体や国があること、そして「捕鯨問題」が世界の様々な国で話題になっていることを、初めて知った。日本はなぜ批判されるのか、それでも日本はなぜ捕鯨を続けるのか、日本以外に捕鯨の文化をもつ国はないのか、などの疑問がわき、興味をもつようになった。

　捕鯨問題とは、日本やその他の国が捕鯨することに対して、反捕鯨の団体や国が批判をし、禁止を求めるという行為を指す。そこには、日本のような捕鯨に賛成している国・地域と、捕鯨に反対している国・団体の間で、対立構造が見られる。文化的・経済的な面や海洋資源の面、そして、反対している人々のクジラに対する感情などが原因だ。そして、反捕鯨団体の船舶が日本の捕鯨調査船に衝突する事件が起きたり、2014年にはオーストラリアが日本に対して捕鯨に関する訴訟を起こし、国際司法裁判所にかけられたりもした。

　私が考える捕鯨問題の解決の前提は、まず国際的な協調と、孤立を避けるために関係国の捕鯨に対する理解を得ることだ。捕鯨や鯨食文化をすべて理解させることは、非現実的で難しい。捕鯨をする側が、捕鯨をし続けられるための理解を得るには、妥協することも必要になるだろう。同時に、国内では捕鯨を生業としてきた人の

生活を守ること、江戸時代からの日本の文化である捕鯨を存続させることも大切だ。これらの捕鯨問題の理解と解決のためにはグローバルとローカルの、双方の視点が必要になる。

　グローバルな視点として海洋生物資源が挙げられる。クジラは生息する生物の中で最大であり、その頭数は生物の多様性を左右する。よって、資源量調整のための人工的な手だてが必要だ。地球規模でクジラの数を調査し、それによってクジラの捕獲数を客観的に決める。海には国境がなく、クジラは毎日一定の場所にはいず、常に動いている。よって、一国だけの調査ではなく世界中の様々な国で、クジラの生息数を調査する。世界中で調査された数は、捕鯨が必要か否かを検討するうえでの公正な判断基準になるはずだ。なぜなら、数字は地球全体で普遍的な価値を示すものだからだ。現在IWCが出している科学委員会の調査によると、推定頭数にクジラが絶滅に瀕しているような数は表れていない。捕鯨を行っていいのか、何頭捕獲していいかを決める時、それを行う国のみで決めるのでなく、地球規模で生息数の調査を行い、その数に基づいて様々な国の意見を交えながら決める。話し合いのテーブルを設ける努力も必要だ。もう一つの視点は感情的な側面だ。反対行動は感情的なものが多い。捕鯨問題の理解と解決を考えるうえでこれも無視できない。まず国際的な協調を目指すには、感情論で批判してくる人々を抑えるために、相手の神経を逆なでしないように、日本の捕鯨文化を正確に情緒

的に発信していくことだ。9月7日にカナダで行われた世界映画祭で、和歌山県の太地町の捕鯨を取り上げたドキュメンタリー映画が上映された。私たちのローカルな考えを主張するというよりは、理解・納得してもらう形で、世界へ向けて発信し、注目されうるメディア戦略を考えていく。偏見や感情で反対する側に理解を求めるのは困難を極めるが、捕鯨文化の歴史や事実を知ってもらう機会設定は必要不可欠だ。現時点で、未熟な私にはこの程度しか思考できないが、グローバルな視点に立てば、捕鯨に反対している人々のクジラへの感情を無視して、理解・解決を考えることはできないだろう。

　ローカルな視点は、日本人の捕鯨・鯨食文化への関心を高めるために重要だ。現在、日本での鯨肉の消費量は1962年のピーク時の約23万トンから、約5千トンにまで減った。鯨食文化が薄れていることがわかる。捕鯨を生業にしている人や昔からある文化を守ることも捕鯨問題とリンクする。山口県下関市では2013年から学校給食で月に1回、鯨肉を使った献立を導入した。鯨食文化を学校の食育を通して継承していくというものだ。今年の11月には釧路で「全国鯨フォーラム」が開催される。これは2007年から継続していて、毎年全国の捕鯨にゆかりのある各地で開催され、市民にとって鯨食文化が身近なものとなるように様々なくじら料理が並び、捕鯨文化継承について共に考えるきっかけになっている。

　捕鯨問題の理解と解決のためには、グローバルとローカルの両

方の視点を同時に並立させなければならない。グローバルな視点の
みだと、国際協調のための解決という方向に進むが、国内への配慮
がなくなり、何も解決せずに、捕鯨問題がより深刻化してしまう。よっ
て、どちらかの視点に片寄る、一方の視点のみになることは、捕鯨
問題の理解と解決にはつながらない。捕鯨問題においてのグローバ
ルな視点とローカルな視点は、相容れないものだ。しかし、相容れ
ないこの二つ視点が同時に成り立つように互いに折り合うことは、
捕鯨問題の理解と解決に最も有効な方法だ。まずは反対、賛成、中
立の国々がグローカルな視点に立つ話し合いの場を設定することが
喫緊の課題である。

（参考文献 省略）

## 〈ワンポイント評価〉

「課題説明そのものに着眼」という課題レポートの対策を理解しつつ、具
体的な記述を心がけています。

課題

言語、文学、歴史、芸術、思想のいずれか一つないし複数の分
野に関するレポートを仕上げなさい（2000字）。

　私は幼少時より今日に至るまで、クラシック・バレエに取り組んできました。そして、いつしかバレエを通して、フランスそのものにひかれていく自分がいました。フランスという国、フランス芸術に、私はごくごく自然に魅了されていきました。

　「パ・ドゥ・ドゥ」や「アン・ドゥ・トロワ」など、バレエにはフランス語の用語があります。3歳からバレエを習い始めた私にとって、物心つく前から、フランス語は私の日常の中に存在していたといえます。「アダジオ」「アレグロ」「アン・ドゥオール」「エトワール」「クロワゼ」「デリエール」「ドゥバン」「パ」「プリエ」などなど、レッスンではたくさんのフランス語が飛び交います。それらは、私にとってバレエを身につけ、習得するうえでの必需品でした。また、レッスン以外のことでも、バレエにおいては、「アンシェヌマン」「アントレ」「インプロヴィゼーション」「ヴァリアシオン」「カドリーユ」「グラン・ワルツ」「コーダ」「ディベルティスモン」などなど、たくさんのフランス語が登場します。私は、それらの用語・フランス語を窓口としながら、今日にいたるまでフランスとその文化に触れ、関わってきたのではないかと思います。

　そして、言語を出発点として、私はフランスの文化・芸術というものについても興味・関心が高まっていきました。

　バレエはフランスの文化であり、世界を代表する芸術の一つだと

思います。そう思うようになったのは、パリ・オペラ座バレエ団やパリ・オペラ座学校の演技を目の当たりにしてからです。これらの集団に所属するには、技術だけではなく精神も、極限の、自己の限界まで到達することが必要で、それができて初めて芸術集団に所属でき、芸術としての最高のパフォーマンスが可能になるのだと思います。バレエを格式ばったものとして捉える人もいます。たしかに、バレエは「型の世界」かもしれません。しかし、レッスンするうちに、その大切さを身をもって感じることができ、「基礎がなければ自由な表現にたどり着けない」という当たり前の事実を、私は実感することができました。そして芸術とは、文化とは、そういうものではないかとも思うようになりました。文化とは、たとえば、日本人がお箸を使って食事をすることが日本文化であるといえるように、「型の世界」でもあるのではないでしょうか。

　衝撃だったのは、シルヴィ・ギエムの「最後のボレロ」です。彼女のとても人間とは思えない美しい踊りを見た時の感動は、今も心に刻まれています。同時に彼女の基礎はクラッシックにあることを知りました。クラッシックを礎として自由な美しいモダン・コンテンポラリーの世界をバレエを通して表現すること、これも芸術であると私は思いました。そして、多少大げさかもしれませんが、シルヴィ・ギエムの躍動する身体そのものが、私には芸術であり、フランスの文化であると感じられました。

しかしまた、バレエにおいてはダンサーだけではなく、舞台装置や衣装、小道具の一つ一つまでもがフランスの文化であると思います。ダンサーの身につける衣装・髪飾り・メイクなどにも一つ一つの意味があり、役割があります。ダンサーを引き立てるパーツとしての役割を果たしながらも、それぞれが一つの個性として独立していて、息づいています。それがダンサーの踊りと一体となり、調和して一つのハーモニーとなっていて、その調和も私を感動させ魅了します。

　そして、言葉を用いることなく、踊りと音楽だけで物語を表現するバレエにとって、衣装は一つの情報としての役割も果たしているといえます。色やデザインで、その衣装の人物がどのような身分で、どのような存在で、他とどのような関係にあるのか、そして、どのような性格であるのかを、見る側は読み取ることができます。これも一つの「型」であり文化ではないかと、私は考えます。衣装は人物の背景に奥行きを与え、物語を深化させます。そのことがより一層バレエを魅力的なものにしており、私を楽しませてくれます。

　その衣装から派生して、私はフランスのもう一つの文化であるファッションについても興味・関心があります。

　フランスのブランドは、最高の素材と技術、そして芸術的感覚でつくられていて、そのようなブランドが集まり、作品を発表するコレクションがあります。パリのコレクションには二種類あり、パリ・オートクチュール・コレクションとパリ・プレタポルテ・コレクションです。オート

クチュール・コレクションは、意匠家たちが独創性を重視した新たな作品を発表するもので、どちらかというと芸術的な色彩が濃く、そのことによって社会的地位も高いものとして位置づけられています。オートクチュールを展開することで、ブランド全体のイメージアップを図ることができると考えられています。もう一つのプレタポルテ・コレクションは、フランスを中心として世界の社会構造の変化に伴い、オートクチュール・コレクションに代わってモード界の花形となって発展してきました。パリ・ミラノ・ロンドン・ニューヨーク・トウキョウの五大都市で開催される世界五大コレクションの一つですが、中でもパリコレは、世界最大規模の高級既製服の展示会となっています。三月と十月に二回あり、秋冬と春夏のデザインで、二週間程度の期間、主にファッションショーの形式で発表されます。これにより、その年のファッションの流行が左右されるため、注目されているのですが、私も毎年のようにこのコレクションに注目して、楽しみにしています。そして、ある時から、このパリコレも「型」であり、文化であるのではないかと考えるようになりました。ファッションは、パリで自然発生的に生まれてくるのではなく、「ある型（サークル）」の中をぐるぐると循環させながら、意図的につくり出されているのではないかと思います。毎年同じではないけれども、いつかは同じような傾向のものがまた巡ってくるのがモードであり、ファッションではないかと思います。たとえば、今年はミニスカートをモードにして、赤を基調にしたファッションを流

行させようと発信しているけれども、実はそれは何年か前にも似たようなものがあったのではないか、それがまた新たに巡ってきたのではないか、ということです。

　フランスには伝統的な格式のあるパリ・オートクチュール・コレクションというファッション文化と、その年その季節に、意図的に人為的な流行として創り出されるパリ・プレタポルテ・コレクションという最新ファッション文化があると、私は考えています。そして、その二種類のコレクションは、私を魅了してやみません。最初に挙げた「フランスのバレエ」と、あとの「パリのファッション」とは、「伝統」と「型」を共通要素とした芸術であり、文化であると私は考えます。そしてそのことが私をひきつける要素の一つだと思います。

　私にとって、フランスの魅力は尽きません。他にも、美しい街並みや言語の美しさにもひかれます。

　今まで述べた私のフランス芸術への思いを、大学生となった暁には、さらに確かなものにしたいです。そして、留学を視野に入れつつ、過去・現在においてフランスに住む人々のこと、そして芸術の背景にあるフランス思想や歴史などについても、視野を拡げ、より深く専門的に学問として学んでいきたいです。最後まで読んでいただきありがとうございます。

　I章の考え方5「時間軸」を中心に据え、具体的な記述を意識して書いています。

課題

　最近の時事問題の中から関心をもったテーマを一つ選び、よく調べた上で、それに関する報道のあり方の点も含め、当該テーマについてのあなたの意見を述べなさい。

私立大学・マスコミ系統
課題レポート

少年犯罪における報道のあり方―○○事件からの考察―

　○○年○月○日、当時15歳だった女子高校生が同級生を殺害するという事件が起きた。この事件において、加害者は匿名報道であるのに対して被害者は実名（顔写真付き）での報道がなされた。このような匿名・実名という報道の差異について、私は以前より疑問を抱いていた。本来、あるべき人生（人権）を奪われた被害者や家族が、実名報道によりさらに二次的な苦しみを味わうことはないのか。対照的に加害者の人権が配慮される報道の背後には何があるのか。また、かつてはテレビ・ラジオ・新聞の報道が迅速かつ正確な主たる情報源であったが、今はウェブやSNS上において、真偽はと

もかくリアルタイムでの情報が巷間に溢れている。本件の個人情報についても同じ状況にある。私はこの疑問と現況に焦点を絞り、今後の少年犯罪の報道のあり方を考察した。

まず、加害者が匿名報道であるのは、少年法第61条「家庭裁判所の審判に付された少年又は少年のとき犯した罪…、氏名、年齢、職業、住居、容ぼう等によりその者が当該事件の本人であることを推知できるような記事又は写真を新聞紙その他の出版物に掲載してはならない。」（少年法 第4章 雑則 第61条）が背景にあり、この法は加害者が今後更生するであろうことを前提にしている。ところが、被害者にはこのような適用すべき法は存在しない。つまり背景には加害者適用の「法」があるに過ぎず、そこには死者（被害者）の権利・尊厳はない。ましてや被害者家族においてはそのような権利は用意されていない。守られるのは、少年法による加害者の権利のみである。このことは、事実を「報道の事実」に変質させ真実から遠ざけることになりかねないし、発信者のさじ加減によっては印象操作につながりかねないと危惧する。そこで私は、加害者・被害者双方の情報公開の範囲を統一することを提案する。本来、公立中正な情報を流さなくてはならないメディアだが、そもそもそれは「営利企業」（森達也）であり、その情報は必ずしも公立中正とはいえない。今回の事件もそうであるが、加害者以外の事実については、私たちは報道で、その印象のみを感受する。そうならない手だては、

被害者・加害者の統一した情報公開範囲の策定ではないだろうか。この点について、他国、たとえば米国では、「犯罪少年の多くは、……自己決定能力を備え、……一つの人格として権利の主体であると同時に、社会に対して一定の責任を負うべき」（澤登俊雄）であり、実名報道を是としている。また、北欧では「被害者だろうと加害者だろうと人権」（藤延直道）があり、人権を強く尊重し容疑の段階での実名報道は避けるが、判決の出たあとには実名報道に切り替えている。他国の状況を鑑みると、日本は曖昧な立ち位置にある。一方では少年法により加害者を守りながらも、他方では「知る権利・表現の自由」の名の下に、非公開の加害者情報を報道機関以外から得る、という状況が続いている。

　そして、そのツールがインターネットである。今回もネット上では、加害者の実名・顔写真・加害者家族の経歴などが公開されている。そしてそれは長期間にわたり世界的に拡散されることになる。つまり、現況において少年法はまったく反映されていない。インターネット情報は少年法の適用範囲外であるため野放図に拡散していく。それに反比例して、ニュースを配信することにおける報道機関の存在意義もあやしくなってきた。知りたい情報は、新聞を読みテレビを見なくてもネットで十分事足りる。この状況は、若者の新聞・テレビ・ラジオ離れを加速させ、その傾向はより進むと考える。

　今回、私が考えた報道のあり方とはこうである。事件後の追跡は、

時を焦らずジャーナリストや専門家がじっくりと検証し、事実から真実を導き出したあとに社会へと情報提供していく。事件直後の報道はテレビ・新聞・ラジオの役割として、事件の内容そのものを、脚色や人心をあおるような見出しを付けたりすることなく、事実をありのままに伝える。つまり、同じ報道でも時間を切り口にして、棲み分けを明確にしていく必要があるのではないか。そして、受け手も事実を事実として受けとめるといった態度が必要だ。しかし、その態度は教育などを通して私たちが身につけていくしか術はないのかもしれない。そして、実名報道に関してであるが、少年法を前提にすれば、やはり加害者の実名報道はすぐに解決できる問題ではない。むしろ、被害者に対する報道姿勢を変えていく必要がある。最低限、被害者家族の同意の下に実名報道すべきである。また、情報が被害者に偏るため、受け手が加害者についても知りたくなるのは、ごく自然なことである。前述したように、情報公開における被害者と加害者を並べての範囲の統一を考えるべきだ。そのために報道機関は、被害者・加害者の情報公開についてのさらなるルール構築と、そのコンプライアンスを今後検討する必要がある。そして、これらを機能させることがネット偏重からの脱却の一助となるのではないかと考える。

（参考文献 省略）

〈ワンポイント評価〉

「課題説明そのものに着眼」という課題レポートの対策を理解しつつ、I章での **考え方16**「要求・条件を構成の柱とする」・**17**「体験から学びを見つける」を充足させています。

　　　B欄は「最近関心をもっている社会問題」と、なぜ関心をもっているかを記入してください。C欄はB欄に記入した社会問題について、どのようにすれば解決できるかを、他者を説得できるような理由もあわせて記入してください。

**B**

　　昨年12月には衆議院選挙、今年7月には参議院選挙がありました。そして新聞・テレビなどでは投票率の低さについて繰り返し話題にしていました。やがて選挙権が与えられることになる私にとっても、投票率の低さについては以前から気がかりであり、選挙そのものの在り方にも、疑問に思うことがありました。2012年衆議院選の投票率を見ると、全体として低下傾向にあり、特に20代の投票率は年代別に見て最も低く、37.9%しかありません。一方60代の投票率は

74.9%であり、若者のそれとは大きくかけ離れていました。

　また、地域行政に興味のある私は、○○先生の『○○』を拝読する中で、「行政とは、法律等を社会の中で具体的に実現してくこと」という、その定義づけに目を留めました。そして有権者の意思を尊重し、それを行政に反映させなければ、私たちの社会は民主的ではなくなると思います。その実現手段として選挙制度が存在するはずです。選挙とは民主主義の原点のはずだと考えます。

　このようにして、私の中で、若者の投票率の低さ・選挙制度・行政・社会が一つの線で結ばれていきました。調べれば調べるほど、考えれば考えるほど、若者の投票率の低さは、社会の中で未来を生きる私たち若者にとって、大変な社会現象であると思い、興味とともに危機感も大きくなっていきました。将来の日本の在り方については、当然それを担う若者が、参加しなければならないはずです。

　なぜ、若者は投票しないのか。それは「興味がないから」のひと言に尽きると思います。では、なぜ若者は選挙に興味がないのか。その答えは様々だと思います。いくつかの要因が重なり合ってのことだと考えますが、その主たる原因の一つに社会に参加しているという、実感の欠如が挙げられると、私は考えました。若者は私を含めて社会や政治・身近にあるコミュニティと関わっている実感がほとんどありません。そのことに端を発して、若者の投票率の低下がスパイラル化しているのではないかと、私は考えています。

## C

　若者の選挙における投票率の低さを改善するためには、どのような方策を講じればよいのか、私なりに考えてみました。投票率の低さの主たる原因は、若者の社会に対する当事者意識の欠如からくる興味・関心の低さにあると考えます。先の選挙においては、ネット選挙を解禁にしましたが、やはり若者の投票率はアップしませんでした。若者の社会に対する当事者意識の欠如を根本原因とするならば、さらに具体的な要因として、次のような事柄（①〜③）が考えられます。①多くの政党が乱立し、政策などが似通っていたりしてわかりづらいこと。②候補者と若者との距離が遠く、候補者が戸別訪問などで若者と直接話せる機会もないなど、選挙制度そのものに原因があること。③少子高齢化により投票者に占める若者の割合がわずかに過ぎず、自分の一票が反映されないことから、若者に諦観が生まれること。

　根本的な原因を改善するために、まずは具体的な要因の①〜③を改善しなければならないと考えます。特に③についての方策が、今後の若者の投票行動に大きく影響を及ぼし、ひいては根本原因に遡り解決することのできる礎となると考えました。

　若者が実感できない政治が行われている理由の一つに、高齢者人口の増加があります。一票の格差が話題に上ることがありますが、それとは異なる世代別人口による一票の格差についても考える必

要があるのではないでしょうか。今の選挙制度においては高齢者が増加すればその政治力が高まり、投票行動に格差が生まれます。先の衆議院選挙において全体が59.3%なのに比べて、60代の投票率が74.9%という事実がそれを物語っています。これでは、いくら多くの若者が投票したとしても、彼らの声は政治に反映されにくい状況になってしまいます。そこで私は、若者と高齢者の人口比率を考慮し、一票に比重をつけることを提案します。そうすることで世代間格差を埋め、若者の声を政治に反映させることができます。何より自分の一票が、現在及び将来にわたる自分の生活に反映されていくという実感と責任感が、若者の心を動かすと考えます。またそのことにより、上記①・②の要因も変容するはずです。私は、年代別人口比率による一票の格差を是正し、一票の重みを均等にすることを提案します。

〈ワンポイント評価〉

　レポートとはいうものの、I章の考え方4「事実→思い（→志望学科・志望理由）」のマインドを活かしてのアピールになっています。

# 3

# 推薦書とは

　ラストは推薦書です。

　エントリーシートの中で、あまりみなさんの目に触れる機会のないもの、それが推薦書です。この推薦書も、合否判定の材料にする大学があることを、何度も聞いたことがあります。自分の優秀さを大げさに書いてくれる先生に頼んでみることをお勧めします（通常は学校長の推薦が必要とされるので、形の上では校長先生の名前が入ります）。「ウソ」ではなくて「大げさ」、これポイントですよ。ここでは、私がかつて書いた推薦書を提示しますね。

　推薦書は、キミが書くものではないけれど、推薦書をお願いする学校の先生に、ここで紹介する推薦書や、p.221からの推薦書を見せて、「こういうものが載ってますけど、もしかして参考にご覧になりますか？」などと、失礼のないように伺ってみるのも一つの方法ですよ。

　私は自分の手がけたモノを、全国の先生方にどれだけ引用してもらってもかまいません。キミの合格への一助となれば幸いです。

# 推　薦　状

20○○年　10月　27日

○○大学長　天下　太平　殿

○○高等学校

校長　世野　光

　私は、貴学「20○○年度学校推薦型選抜要項」記載事項に基づき、下記生徒を適当と認め、ここに推薦いたします。

記

（被推薦生徒氏名）　　　　　○○　　○○

（志望学部学科名）　○　○　　学部　　ウェルビーイング　学科

（推薦の理由）

　本校においては、「自ら考え、知性を磨き、豊かな感性をもった生徒の育成」を教育目標の一つに掲げているが、それを具現した生徒である。客観的な判断力に優れ、知的好奇心・活動意欲は他に抜きん出ている。広い視野を礎として、学業においてもその成績はとどまることなく上昇し続けている。バランス感覚にも優れ、英語・社会を得

意とするが、理数教科においても才知は秀でている。校内成績だけにとどまらず、校外の全国規模の模擬試験においても優秀な成績を修めており、一般受験においても貴学受験一本に絞り勉学に励んでいる。しかしながら、学力試験だけでなく、本人の人物面や学問の素養・論理的思考力も評価していただきたく推薦した。意志の強さも人一倍である。○○高等学校進路指導部長という立場から高校入学時より3年の期間、志願者について承知している。志願者の所属するクラスの生徒数は40名、学年の生徒数は260名である。志願者の人物面における評価は上記のとおりであるが、それに追加・付記したい事柄として以下のことを挙げたい。志願者の家庭は、まさに現代社会の抱える負の部分を表出させたような環境にある。中学時代より複雑な家庭環境にありながら、自己を見失うことなく、前向きに成長し続ける姿や一時の感情に流されがちな思春期にありながら、家族や自己を客観的に捉え、勉学に励む本人の姿勢は、将来、社会福祉を学ぶ上での生来の資質を備えていると確信する。中学から今日に至るまで父親不在の状況の下、家庭と学校生活の両面において地の塩となる活動を継続している好人物である。

# 4

# 推薦者をやる気に
# させよう

　自分を推薦してくれる先生に、キミをぜひ「大げさ」に推薦してあげよう！
と思ってもらうにはどうすればよいでしょうか。

　まず、完成させたキミの物語（自己推薦書・志望理由書）のチェックを、推
薦書をお願いする先生に頼んでみてください。先生に読んでもらい、誤字・
脱字・第三者が読んでわかりにくい箇所についてのアドバイスをもらってくだ
さい。そして、自分はこれこれの思いをもって試験に挑みたいということを、
先生にプレゼンしてみてくださいね。

　いきなり先生にお願いするのは気後れして難しいようなら、先に友達や家
族に読んでもらってください。いずれにせよ、推薦書をお願いする先生には、
まずはキミの志望理由を説明して、気持ちの込もった推薦書を書いていた
だけるように、ありったけの熱意を伝えてください。その行為・経験は、次の
面接へとつながっていくはずですから。


　そして、熱意以外に、推薦者の先生に伝える事柄があります。それは、キ
ミのアピールポイントです。自己推薦書に記述してあることはもちろんです
が、自己推薦書に収まらなかった、キミの行ってきた具体的な事柄についても、
推薦者の先生に伝えてください。その際、別紙を用意するなり、「サクセスノー

ト」に記入するなりして、それを推薦者の先生に手渡すのがよいでしょう。具体的な情報があるのとないのとでは、推薦文の書きやすさは大きく異なってきます。推薦者の先生の負担を軽くするためにも、キミの具体的なアピールポイント・情報は必須です。自分が今まで心がけて実践してきたこと、それがキミの伝えるべきアピールポイントです。

　では、最後に、私が実際に大学に提出した推薦書を5つ紹介しますね。
　　の部分は、生徒が自ら私にアピールしたポイントです。キミが先生に自分のアピールポイントを伝えるときの参考にしてくださいね。もちろん、推薦者の先生にこれらの文面を見ていただき、参考にしていただいてもかまわないですよ。総合・推薦入試は、個人戦ではなく、団体戦なのです。

　○○学校進路指導部長という立場から中学入学時より5年の期間、志願者について承知している。また、今年度4月より志願者の担任を務め、さらに学年主任という立場からも活動を共にしており、志願者についてよく承知している。

　本校は中高一貫校であり、志願者は中学入学時より現在に至るまで、常に学年の生徒集団の リーダーとして活動 してきた。「助けることは助けられること」を下敷きにしつつ、リーダーとして活動する中で、将来○○系の学校への進学を強く希望するようになった。○○大学は、日本国内における唯一無二の伝統ある大学であり、○○精神を実感し得るであろう環境で学ぶことが、志願者のたっての希望である。また、志願者は 数学を得意科目としており、平素より経営学や経済学についての強い興味・関心 がある。入学後も数学的素養を活かしつつ経営や経済について深く学べるものと確信する。以上の点から、志願者は貴学を志望する強い動機をもつものと考える。背景として、 父親がかつて商社に勤務していたという経歴や、現在会社経営を担っているという状況 が、少なからず志願者を触発し、将来のロードマップを描く動機づけになったといえる。こうしたことから、志願者が貴学を志望する動機は極めて確かで、将来性の高いものであると確信する。

　推薦者が志願者に見出（みいだ）す○○精神の素地は、その思いやりの深

さである。志願者は 2 年次に友人関係のトラブルから休みがちになっていたクラス生徒を何とか立ち直らせ関係修復を図ろうとして、その級友を支えるために努力した。クラスの席替えなども人間関係を考えては、その都度席の配置を工夫したりした。結果、その友人は次第に関係を修復し、休むこともなくなった。とかく批判されがちな生徒や弱い立場にある者へのいたわり の気持ちが強く、思うだけでなく深慮熟考し工夫を重ね行動に移すことができる人物である。志願者は、喜ぶ人とともに喜び、泣く人とともに泣く感受性と、地の塩となり集団に寄与する心根をもっており、あらゆる場面で自己の利益よりも他者への奉仕を優先し、より弱い立場の人に寄り添おうとする姿を見せた。ヒューマニズムの精神に溢れた好人物といえる。

　本校においては、「○○」を教育目標の一つに掲げているが、それを具現した生徒である。客観的な判断力に優れ、知的好奇心・活動意欲は他に抜きん出ている。志願者に見られる卓越した資質、能力は多々あるが、その中で一つ挙げるならば、学校行事（ボランティア活動）への取り組みである。本校の学校行事である、中学 2 年生と高校 1 年生の全員が参加する「○○」という○○コンサートに際しては、コンサートに伴う奉仕活動として路上生活者の方々に対する炊き出しや、ユニセフ募金実施の呼びかけなどがある。しかし、本人はそのような活動に飽きたらず、2 年次には学校代表としてコンサートの司会も務め、その役割を十二分に果たすことができた。リーダーとして他に寄り添い、他を下から支えると同時に、率先して学校代表

を務め、リーダーシップを発揮し、活躍することもできるという、リーダーとしての両面の資質を備えた類い稀なる人物といえる。司会は2名で行い、曲の紹介だけでなく二人の掛け合いや歌の紹介、道行く人々が聴き留めてくれるような言葉がけなど、内面の発露だけでなく、相手をひきつける高度な会話技術も必要とするが、そのようなコミュニケーション能力・技術においても高校2年生とは思えないほどの力を発揮した。そしてまた、卓越したリーダーシップと行動力を高校生活のあらゆる面において遺憾なく発揮し、学年のどの生徒からも、また教員からも、生活面、学習面などあらゆる面で学年を代表する生徒として真っ先に名前が挙がる生徒である。

　志願者は他から信頼されるがゆえに、他のあらゆる相談を引き受けてしまうことが多く、その数の多さゆえ、また本人の人一倍強い責任感のために、相談に対してはっきりとした結論を相手に示すことができず、自らの優柔不断さを嘆き自己嫌悪し、自信喪失することがあった。自己の短所を優柔不断なところと決めつけ、それを嫌悪しがちなところに志願者の弱点を見出す。しかしながら、3年生になってから「夕焼け」という詩に出会い、自分の優柔不断さは、実は自分の優しさから生まれてきたものだということに気づき、それからというもの、他からの相談や物事を決める際には焦って即答しようとしたり結論を急いだりすることなしに、相手とじっくりと向き合うように、努めて心するようになった。

　以上が推薦者における志願者の人物評価である。

## 1. 理由

入学時より医師を目指し、日々勉学に励んでおり、社会貢献への意欲、特に医療貢献への情熱は並々ならぬものがある。また、冷静な頭脳と共に他への厚い思いやりをもち、そのバランス感覚の良さも医療従事者としてふさわしく、そのために生まれてきたような適任者と断言できる。

## 2. 学業

広い視野を礎として、学業においてもその成績はとどまることなく上昇し続けている。苦手とする科目は見あたらず、理数系科目を得意とするが、英語・社会教科においても才知は秀でている。校内成績だけにとどまらず、校外の全国規模の模擬試験等においても常に優秀な成績を修めている。学力試験だけでなく、人物面も評価していただきたく推薦した。本人が苦手に感じる教科・科目においても必ず克服し、それを遍く継続する性質をもち、表面的には何が苦手かわからないほどである。結果、すべての教科において常に一番の成績を修めた。

## 3. 人物

すべてにおいて他の範となる、近年稀なる好人物といえる。部活動においてはバスケットボール部の部長として試合結果だけでなく、

チームワークを築くことに腐心し、形だけでなく、生徒同士の見えない心のつながりを大切にした。他からの信頼は絶大なものがある。すべては本人の弱い者、苦しんでいる者へのいたわりの心から生まれたと考えられる。また、明朗快活であり、スポーツなどの学校行事においても、率先して中心的役割を担い、他を導くことができた。リーダー的資質と弱者への思いやりに長けた、将来ゼネラリストとして社会貢献できる逸材である。

## 4. 課外活動

課外活動においては、クラスリーダーの一員として地の塩となり、熱心に活動した。

## 5. 生活状況

明朗快活・品行方正・心身強健であり、他を援助することに喜びを見出せる性質である。

　志願者は入学時より現在に至るまで常に学年・学校のリーダーとして活動してきた。2年次には生徒会会長として身を粉にして活動し続けた。特に、東北で被災された方々へのボランティア活動（東北児童館訪問・東北物産展開催）を継続して行い、その意味を実感することができた。生徒会会長として活動する中で、学校教育についての思いを馳せる機会が増え、それを学問として基礎から学び、卒業後、子どもたちを支援することで社会貢献したいという思いが高まった。学校での様々な活動・人との関わりが、少なからず志願者を触発し、将来を模索する動機づけになったといえる。こうしたことから、志願者が教員を志望する動機は極めて確かで、将来性の高いものと確信する。そして、推薦者の母校でもある○○大学は、日本国内における唯一無二の伝統ある教員養成の総合大学であり、教育の本義を実感し得るであろう環境で学ぶことが、現在、志願者と推薦者のたっての希望となった。志願者は音楽を得意科目としており、現代文や情報の科目を好む性質がある。平素より教科学習に限らず、人間形成に関わる道徳教育や学級活動などについて強い興味・関心がある。そして、ものづくり教育の視点を知ることで、ますますその学びへの意欲が高まった。志願者は誰よりも深く広く、その専門性について学びを継続するものと確信する。

　被推薦者は国際問題や国際交流に興味・関心が高く、大学卒業後は　JICAに所属して国際貢献したいという強い希望　のもと、自らの将来のロードマップを、より現実的な目線で考えている。

　高校在学中から国際貢献するための具体策を学ぼうと、自らJICA○○事務所へと足を運び、学びを深め今後の課題を見出したり、入学後は○○大学外国語学部国際関係学科にてフィールドワークを中心に学ぶことを強く希望するなど、積極的な学びへの強い志向がある。反面、時に沈思黙考する場面を見かける機会も多くあり、特に3年次に至っては、思索に耽ることが増えた。行動力と自省と深い思考力とを兼ね備え、国際交流に強い関心のある人物であり、それを生き甲斐として活躍できる人物　である。貴学国際関係学科にて学問としての学びを深めることで、将来において社会貢献できることを確信し推薦した。素質を開花させ、磨かれることを大いに期待している。

　資格条件の2(1)「3年次1学期までの外国語評定平均値4.0以上」に適う成績を修めている。また、すべてにわたる単位修得の評定平均値も高く、客観的な判断力に優れ、知的好奇心・活動意欲は他に抜きん出ている。

　広い視野を礎として、その成績はとどまることなく上昇し続けている。

バランス感覚にも優れ、英語を得意とするが、理数教科においても才知は秀でている。校内成績だけにとどまらず、校外の全国規模の模擬試験においても優秀な成績を修めている。しかしながら、学力試験だけでなく、本人の人物面や論理的思考力も評価していただきたく推薦した。

　明朗快活であり、人が見落としがちな事柄においても目を留め、解決策や方策を考えようとする習慣が身についている。とかく批判されがちな生徒や弱い立場にある者へのいたわりの気持ちが強く、思うだけでなく深慮熟考し、工夫を重ねて行動に移すことができる人物である。また、あらゆる場面で自己の利益よりも他者への奉仕を優先し、より弱い立場の人に寄り添おうとする姿を見せた。目標を定め、それに向けての努力を継続する力がある。意志の強さも人一倍である。何より集団の和を尊ぶ精神に満ちており、他者のために自己を犠牲にすることを厭わない、ヒューマニズムの精神に溢れた類い稀なる好人物である。

　被推薦者は、喜ぶ人と共に喜び、泣く人と共に泣く感受性と、地の塩となり集団に寄与する心根をもっており、あらゆる場面で自己の利益よりも他者への奉仕を優先し、より弱い立場の人に寄り添おうとする姿を見せた。○○の精神に溢れた人物といえる。

　本校においては、「○○」を教育目標の一つに掲げているが、それを具現した生徒である。客観的な判断力に優れ、知的好奇心・活動意欲は他に抜きん出ている。本人に見られる卓越した資質、能力は多々あるが、その中で一つ挙げるならば、課外活動における継続した取り組みである。○○部長としてヴォーカルアンサンブルコンテスト及び○○県合唱コンクールにおける金賞受賞、全日本合唱コンクール○○大会における銀賞受賞等、その経歴には枚挙に暇（いとま）がない。また○○大学付属病院や○○刑務所の慰問、国境なき医師団の活動へのボランティアとしての参加等、様々な形でのボランティア活動を日常の一こまとして行うことのできる類い稀（まれ）なる資質を備えた好人物である。本人はひたすら貴学科への進学を希望しており、一般受験においても貴学受験のみに絞り勉学に励んでいる。

　しかしながら、学力試験だけでなく本人の人物面や素養・論理的思考力も評価していただきたく推薦した。意志の強さも人一倍である。

I章

# 面接では
# キミの何が
# 見られるか

面接編

# 1
# 面接試験で大切な
# コミュニケーション力とは

　人と人とのコミュニケーションは、大まかに分類すると、言葉をツールとする**言語コミュニケーション**（バーバルコミュニケーション）と言葉以外のものをツールとする**非言語コミュニケーション**（ノンバーバルコミュニケーション）の2種類があります。

　総合・推薦入試の面接試験においては、この2種類のコミュニケーションのどちらも意識することが大切です。この二つ、あえて選ぶならどちらがより大切なコミュニケーションになると思いますか？

　まず、**第一段階として身につけるべきなのは、所作**（身のこなし・動作）**を含む非言語コミュニケーション**（ノンバーバルコミュニケーション）**の力**なのですよ。つまり、非言語コミュニケーション力が、キミが面接試験をクリアするための必需品ということ！

　面接試験は、いってみれば、キミの志望する大学で働いている大人（教官）との出会いの場でもあります。人と人との出会いの場で、まず、ポイントになること、気をつけるべきことは何でしょうか？

　それはね、最初に出会った時に相手に与えるキミの印象です。つまり、第一印象が大事なのです！　面接時の受け答えも、もちろん大切ですが、キミが面接練習において、まず実行しなければならないこと、それは**キミの第一**

印象に対する意識改革なのですよ。

　この第一印象、友人の大学関係者や大手企業人事担当者に聞いてみると、ホントに大切なものらしいです。面接室に入ってからの**最初の3、4分間**で、**その人物の印象が決まってしまう**こともあるようです。つまり、出会って最初の3、4分間でキミの印象は決定づけられ、その印象は面接の後半になっても変わらないということ！　面接評価のほとんど**8割方が、言葉でコミュニケーションする前に決まってしまう**ようなこともあるようです。恐ろしいね。

　また、卑近な例を挙げると、こんなことがありました。話す時に目つきの悪くなる生徒がいて、1度目のAO入試の面接で失敗してしまいました。そこで、2度目の公募推薦入試で眼鏡をかけて臨むように勧めたら、合格しました。受け答えの仕方は1度目と変わらなかったとは思いますが……。

　このように、本人が気づかずに、相手に与える印象を悪くしてしまうことが、私の経験上かなりの確率であると考えられます。キミにとって、予想以上に準備時間を要し、困難を伴うのが、総合・推薦入試の面接なのだといえるでしょう。話す内容は、ある程度時間をかければ練ることはできますが、長年にわたって染みついてきた自分のクセは、なかなか自覚しづらく、直しにくいものです。その自覚するのが難しく、直すのが面倒なクセが、キミの所作におけるマイナス部分なのです。

　では、ノンバーバルコミュニケーションの力をつけ、キミの相手に与える第一印象をよりよいものにするには、どうすればよいのか？そのために気をつけるべき事柄は何なのか？　これから説明していきます。

# 2
## 見た目・立ち居振る舞い

　キミの第一印象をよりよいものにするための要素とは、具体的にどのような
もので、キミはどうすればよいのでしょうか？　意識しなければならない要
素は、大きく次の三つに分けられます。

　a. 見た目（服装や身だしなみ）
　b. 立ち居振る舞い（動作・目線など）
　c. 雰囲気（表情・声など）

では、順に詳しく見ていきましょう。

　注意すべき見た目と立ち居振る舞いとは、初対面の目上の人などに対す
る外見的な型のことです。この型について、次にマニュアルを示しました。読
んだあとに、学校の先生・友人・家族などに何度も見てもらい、キミの見た目・
立ち居振る舞いをチェックしてもらってくださいね。自分のものになるまで練
習あるのみ、です。また、立ち居振る舞いについては、ぜひDVDも視聴して
ください。そのあとに、面接のシミュレーションをしましょう。スキルアップの
ための反復練習に努めてくださいね。

# 見た目・立ち居振る舞いのマニュアル

 **見た目は？**

## 1）服装

　高校生は、もちろん制服。制服のない学校の場合は、若者らしい清潔感のある服装を心がけます。華美な服装は厳禁。オープンキャンパスに参加して大学関係者に接したり、模擬授業に参加したりする場合も同様です。

## 2）身だしなみ

　髪を染める・ボサボサの髪型・ひげ・化粧などは厳禁。女子生徒の長すぎる髪も厳禁。長い場合は必ず束ねること。お辞儀の時に、髪をかき上げる動作をしなくてすむようにすること。基準は、高校生らしい清潔感。ここは、自分の価値基準にこだわることはやめて、服装規定などが厳格な学校を参考にするといいと思います。

 **立ち居振る舞いは？**

## 3）面接室入室までの所作

　前日までに会場の下見を必ず行います。その際、面接会場の場所を確認しておくこと。当日、集合時間の約20分前には到着するようにします。

　面接までの時間は、たぶん待合室か面接室外の廊下のどちらかで過ごす

ことになります。自分の順番がすぐに回ってくることもあれば、なかなか順番が回ってこず、長く待たされる場合もあります。待ち時間は、「サクセスノート」を最終確認するなどして、気持ちを落ち着かせる時間として活用します。待ち時間も面接の時間だと考えて、足を組んだり投げ出したりするなど、およそ受験生としてふさわしくない態度をとることは、厳禁です。

　スマートフォンなどの携帯機器を見ることは基本的に厳禁！　電源を切り、鞄の奥にしまっておくこと。電源は大学キャンパスを離れてから入れます。ただし、午前中が小論文や語句について説明する課題等の場合は、昼休みの面接が始まる前の間に、スマートフォンなどでわからなかった点を調べておくことも大切です。面接時にその点について問われることもあるからです。

　当日、大学構内にてクラスメイトに会ったり、かつての友人と再会したりすることも想定されますが、大きな声で騒いだりしないようにしましょう。常に周囲への気遣いを忘れることなく、会話・声の大きさなどに気をつけます。

## 4）面接室入室方法

**①指示があったら起立する**

　名前や受験番号などを呼ばれたら、「はい」と返事をしてから起立する。起立後に呼名した相手に「会釈」をする。

**②ノックは2・3回**

　入室の際は、ドアの状態（開閉）にかかわらず、コンコンとノックする。

**③応答を待つ**

　「どうぞ」などの促す言葉があってから入室する。

④入室する

　入室時に入り口で立ち止まり、面接官に向かって「失礼します。」とはっきりとした口調で言ったあとに、「普通の礼」をして入室する。

## 5）礼の種類

### ①会釈

　初対面や廊下で知り合いとすれ違うときの軽い挨拶。上体をまっすぐにして腰から15度ぐらい曲げる。首だけを垂れない。

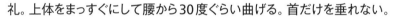

### ②普通の礼

　面接の入退室や、オープンキャンパスなどで、大学の先生に会った時などに用いる

礼。上体をまっすぐにして腰から30度ぐらい曲げる。首だけを垂れない。

### ③丁寧な礼

　面接のスタート時にイスの横に立った時と、面接の終了時にイスの横に起立したあとの礼。上体をまっすぐにして腰から45度ぐらい曲げる。首だけを垂れない。

## 6）面接室入室後の所作

### ①座る時の所作

　「どうぞ」と入室を促されたら、入り口から近いほうのイスの横に立ち、「○○高等学校から参りました。○○です。よろしくお願いします。」と言ってから、「丁寧な礼」をする。「どうぞ」と言われてから着席する。

2

見た目・立ち居振る舞い

②座ったあとの姿勢

　背筋を伸ばす。男子生徒は肩幅ぐらいに足を開き、両手を軽く握って膝の上に置く。女子生徒は膝とかかとをきちんと付けて、足を正面に向けて手を前で軽く重ねる。男女共に、足裏を床にしっかりと付ける。目線は、質問してきたほうの面接官の目、もしくは口元に向ける。

　話が弾むなどして、緊張感が緩んでくると、姿勢が崩れがちになるので注意する。集中力のない受験生と見なされることもある。

③立つ時の所作

　「面接を終了します」と言われたら、起立してイスの横に立ち、「ありがとうございました」と言ってから「丁寧な礼」をする。


**7）面接室退室方法**

　出入り口まで移動したあと、「失礼します。ありがとうございました」と言ってから「普通の礼」をして、退室する。終了と言われてから、一気に緊張感が解けて思わぬ所作をしてしまう人もいるので、注意する。大学構内にいる時は、常に面接中であるという意識を保つこと。

　面接は誰しも緊張するもの。なぜ、緊張するのか？　それは、「うまくやろう」「ちゃんとやろう」「もし失敗したらどうしよう」などと思うから……。でも、

緊張しないで面接に臨むにはどうすればいいか、などと考える必要はありません。むしろ**緊張するのは当たり前のこと**だと思って、**緊張感をもって面接試験に臨めばいい**のです。事前に緊張している自分を想像しつつ、適切な立ち居振る舞いができるよう、練習に取り組んでください。

面接直後に、「緊張して何を言ったか覚えてない」や、その逆の、「しっかりとやれた」などの受験生の感想を聞くことが、今までに何度もありました。ただ、その感想と実際の合否との間にあまり関係はないというのが、私の実感です。

キミが緊張しようが冷静であろうが、その時の心理状態と試験の合否の結果とは別物であると考えてください。**大切なことは、事前に何度も面接時にふさわしい所作の練習をする**ということです。そして練習には、友人や先生、家族の協力を得てくださいね。

# 3

# 雰囲気
# （表情・声）

　話す言葉自体は同じなのに、ある人が言った時と、また別の人が言った時とでは、伝わり方が違った。そんな経験、ないですか？　もしくは、自分が叱られた時に、話す内容は同じでも、あの先生に言われて納得したけど、この先生に言われるとムカついた、そんな経験、今までになかったでしょうか？

　声や表情、そして、その人の背景にあるもの、つまり、その人のもつ雰囲気によって、相手への言葉の伝わり方は、異なるものです。そして、人は、**形だけ整った言葉ではなく、その人の人格や思考が滲み出た言葉（声）や表情に納得する生き物です。**

　面接時に、美しい言葉、正しい言葉を用いることに努めるのは、当然のことです。でも、キミの用いる言葉のどれを取ってみても、それだけで美しいと決まっている言葉、正しいと決まっている言葉はありません。ある人がある場面で発した言葉が、どれほど人を魅了したとしても、別の人がそれを用いた時に、同じように伝わるとは限りませんよね。

　それは、言葉がただ言葉として独立しているものではなくて、その言葉を発しているその人の背景（雰囲気）を背負ってしまうものだからです。キミという人としての雰囲気全体が、キミの発する言葉の一つ一つに反映してしまうからです。このことを前提にして、「雰囲気」について身につけてほしいこ

とを伝えますね。

　相手に自分の雰囲気を伝える要素として、表情と声があります。裏を返せば、キミの声と表情が、キミの雰囲気をつくり出しているともいえます。そして、自分ではこういう気分なのに、相手にそれが伝わらない、といった経験はありませんか？

　そういった経験のある人にお勧めなのが、**録画**です。友人や家族、先生などに面接官になってもらって面接の練習をし、その時の様子を録画して、自分の声や表情、全体の雰囲気を客観的に捉えてみましょう！　きっと、発見があるはずです。

　下記の項目は、面接での注意点としてよく取り上げられるものです。これを面接のチェック項目として、キミの面接練習を録画した動画と照らし合わせてみるとよいでしょう。

表情と声のチェック項目

表情　□明朗快活な表情か？

　　　□活力ある表情か？

　　　□明るいか？

　　　□目は開いて相手を見ているか？

　　　□話し終えた後の口元は引き締まっているか？

声　　□大きな声で、滑舌良く話せているか？

　　　□語尾まではっきりと発音できているか？

　　　□聞き取りやすいか？

　　　□メリハリのある声か？

　　　□トーンは高すぎず、低すぎないか？


　表情や声の確認ポイントを示しましたが、これだけは注意！　面接の練習は、絶対に表面的なテクニックに走らないこと！　キミにとって最も大切にすべきことは、自分の気持ちを声（言葉）にのせ、表情に表すことができることです。**面接時には、口に出さなくても、内面の思いが、そのままキミの身体に表れてしまうものです。**その時の自分の気持ちが、そのまま声や表情に表れるということです。どうすればいいのでしょうか？

　面接試験の2週間ぐらい前から、「なんとしても○○大学○○学部○○学科に入学して、〜をがんばるんだ」というポジティブで具体的な思いを、毎日、勉強の合間などに心の中で念じ続けることです。その念じ続けるキミの思いが、ポジティブで自然な雰囲気を醸し出し、相手（面接官）に届くのです。キミの強い思いこそが、キミの声や表情などの雰囲気、言葉以前のノンバーバルコミュニケーションの背景になるものだということを、忘れずにいてください。そして、思いを言葉にのせる、そんな心持ちを今からつくっていきましょう。

　この考え方、次の言語コミュニケーションにも関連してきます。ぜひとも、自分のものにしてくださいね。

# 受け答えの
# 準備の前に

　ここまでは、言葉以前の事柄についての説明でした。さて、ここでは、言葉によるコミュニケーションについて考えていきます。ただし、ここまでで説明してきたように、**言語コミュニケーションはノンバーバルコミュニケーションを下敷きにしています**。これについては常に頭に入れておきましょう。

　また、これから面接時の受け答えについての備えをしていきますが、どう答えるかを考えるだけでなく、その前に、面接官がどのようなことを考えているかを想像することも大切です。

## 大学が求める生徒像

　面接時の受け答え練習の前に、キミが大学の先生だったら相手に何を聞いてみたいか？　それを想像してみましょう。ここでは、おもに、国公立大や難関私立大の先生たちが、キミたちに求める生徒像について、一緒に考えていきましょう。相手の質問には、必ずそれを聴く目的があります。その目的こそが、「求める生徒像」なのですよ。面接官がたぶんあらかじめ想定しているであろう目的、それを達成するために、質問という形でキミへと切り込んで

くるわけです。では、どのような観点で切り込んでくるのでしょうか？

### 面接官の観点①
### 言葉の背景を知る経験があるか

「言葉の背景を知る経験」と言われても、一体何のことやら、と思ってしまうかもしれませんね。要するに、キミが「単なる知識ではない、**考え方の枠組み**」を身につけてきたかどうかを、相手（面接官）はチェックしたい、ということなのです。

たとえば、「グローバリズム」という言葉が巷間（こうかん）に散見され、大学の学部名になってもいます。もしかしたら、キミはそんな学部を志望しているかもしれません。その「グローバリズム」という言葉について、キミはどのように捉えているのか？　単なる辞書的な知識ではなく、その言葉について思考した**経験があるかどうか**を、言葉によるコミュニケーション（面接）を通して、面接官は知りたがっているということなのです。

その言葉の時間軸における、おおよその位置づけを考えてみると、「グローバリズム」は次のような流れで考えることができます。

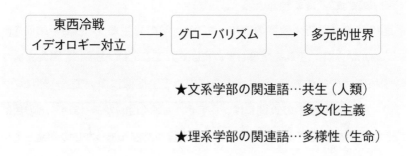

「共生」「多様性」は、「グローバリズム」と関連づけて、グローバリズムの先にあるテーマ・キーワードとしてよく取り上げられます。

この「言葉の背景を知る経験」については、さらにDVDで言及しています。よって、さらなる内容・解説は、ここでは省略しますね。DVDを視聴することで理解し、自分の知恵としましょう。

 **面接官の観点②**
**言葉を裏打ちする経験があるか**

さらに、相手（面接官）がチェックしたいポイントの一つとして、**どのような体験をし、どのような実感のある言葉を使えるのか**、ということが考えられます。エントリーシート編で述べてきた「乗り越えた壁」についての体験を語ることも、もちろん大切なポイントになります。しかし、ここではもう一つ別の視点から、**「言葉を裏打ちする体験」**を考えてみますね。まず、相手（面接官）がキミに求める体験を、X「実体験」とY「読書体験」の二つに分けてみます。

たとえば、「恋愛」という言葉を、X・Yの二つで考えてみましょう。

X「実体験」

キミはA子さんという女性をとてもとても好きになって、交際を申し込むも振られ続けます。しかし、何度目かのアプローチで、やっと付き合うことができるようになりました。しばらくは楽しい交際が続いたのですが、やがてお互いの考え方の違いからケン

カを繰り返すようになり、交際も終わってしまいました。このような実体験から、キミは「恋愛」について、「恋愛とはうまくいかない難しいものだ」と理解し、そのような実感を、この言葉に対して抱くようになりました。

Y「読書体験」

　キミは恋愛体験もなく、興味もなかったのですが、「恋愛」という言葉への理解を得るために書物を読むことにしました。そして、もともと「恋愛」という言葉は日本にはなかったこと、中世西洋の「love」の概念を「恋愛」という言葉に訳した造語であることを知りました。そして、その「love」の語源は、「王の妻である后と、王の家来である騎士との男女の関係を指す」ということを知りました。つまり、恋愛（love）とは「永遠に成就することはなく、死を覚悟しなければならないもの」だと理解し、そのような実感を、キミはその言葉に対して抱くようになりました。

　XとYともに、「恋愛」という言葉に対してもつ実感については、多少似たところはありますが、その実感を得るまでのプロセスは、まったく異なっています。Xは「具体的な経験から抽象化する」といったプロセスをたどっていま

すよね。これは、エントリーシート編でも述べてきた、大切なパターンですよ。

　ここではさらに、Yについて考えてみましょう。Yは具体的な体験ではなく、「抽象化されたもの（書物）をさらに抽象化して、言葉に対する実感を得る」という体験です。つまり、読書も一つのキミの体験（経験）として考えるという新たな視点です。

　大学においては、もちろんフィールドワークなどを主体にしたり、常にオリジナリティを求めたりする教授もいます。ただ、それは大半だとは言いがたいのが実情です。特に文系学部においては、過去の文献や海外の文献を用いて自己の主張を裏付け、エビデンス（証拠）として価値づけることに専念するほうが多いという印象はぬぐえません（私の偏見かもしれませんが……）。つまり、誰かが複数の具体的な事柄から導き出した抽象的な思考を探し出すという作業そのものもまた、立派な体験・学究的態度として認識されている、といえます。書物を読み、自分の血肉にすることも立派な体験だ、というわけです。

　たとえば、キミの志望する大学のエントリーシートに、「読書について」の項目があったり、面接時に「読書」について問われることがあったりしたら、面接官は、明らかにYのような読書体験を高校生にとって大切な体験（経験）として位置づけています。今までの「具体的な経験→抽象化」だけでなく、「抽象物（書物など）→抽象化」も視野に入れて面接準備を進めることが、必要になってきますよね。「どんな本を……か？」と質問する面接官は、間違いなく読書を体験として考える人です。

　この「言葉を裏打ちする体験」についても、さらにDVDで言及しています。

## 質問の的を射る応答をするには？

ここまでは、おもにコミュニケーション力について、その理解と心構えなどに触れてきました。面接は自分が評価される側なので、どうしても能動的に振る舞えずに、受け身になりがち。もちろん、受け身であることは仕方がないのですが、メンタルな部分では積極的に、つまり、受け身は受け身でも、「積極的な受け身」であろうとする気構えが大切です。

面接官の質問に的を射た応答をするには「相手の言いたいことをわかろうとする」「積極的に相手の意思をつかむ」「積極的に相手の思いに共感しようと努める」といった心構えが大切になりますよ。

次の事項について、あらかじめ「サクセスノート」に整理しておきましょう。暗記するのではなく、質問の的を射る応答のために用いる材料にしてください。

「サクセスノート」で
準備すること

a. 大学・学部・学科のアドミッションポリシー（AP）や建学の精神などと、自分との接点（具体的に）

b. これまで何を学び、何を乗り越えてきたのか、何を達成したのか（具体的に）

c. 高校生活の具体的な振り返り・アクション

d. 高校での自分の取り組み・アクションについての具体的な自己評価

e. 大学で具体的にやりたいことの整理（複数ある場合は優先順

位をつける）

f.　30秒くらいにまとめた自己PR

g.　f.の自己PRに、これだけは誰にも負けないという自分だけの具
　　体的な魅力を一つ入れる

h.　自分の興味・関心のあることについて、その裏付けとなるアク
　　ションを示す

　a~hについて、単刀直入に答える工夫を心がけましょう。一文は短くして、回りくどくしないこと。たとえば、二重否定「～しないことはなかった」などは絶対に使ってはいけません。

　上の項目については、DVDで詳しく説明しています。読み終えたあとに、視聴してくださいね。

# どんな
# 質問を
# されるのか

面接編

# 1

## 面接での質問は
## 大きく2パターンある

面接官の質問を大別すると、1. エントリーシートに関するものと、2. エントリーシート以外についての質問に分けられます。それぞれの内容をさらに分類すると、次のようになります。

エントリーシートに関する質問

① 自己推薦書・志望理由書に関する質問

② 課題レポート・課題作文（エッセイ）などに関する質問

③ 推薦書・調査書の記載内容に関する質問

エントリーシート以外についての質問

① 各大学・各面接官が用意した独自の質問

② すでに実施された、小論文などの筆記試験に関する質問

まず、重要な前提ですが、キミの受け答えの柱にすべきことは、「**面接官が具体的な事柄について問うている場合は具体的に、抽象的なキミの思いや**

**考えを問うている場合は抽象的に答える**」ということです。これを柱にして、相手の質問を想定し、それに対する答えをあらかじめ検討しておくことが大切！　それぞれの場合について、「サクセスノート」にまとめておきましょう！

　また、キミが答えた内容についてさらに質問されるということも想定してください。「さっき○○と言いましたが、○○とはどういうことなのか教えてください」などと、さらに詳しく問われることは、よくあります。

　では、様々なタイプの質問について説明しますね。

# 2
# エントリーシートに
# 関する質問

## 自己推薦書・志望理由書 に関する質問

別冊
P.041

　面接で、一番質問される頻度が高いのが、
自己推薦書・志望理由書に関する質問です。当
然ですよね。たとえエントリーシートにその答え
が述べられていたとしても、直接本人に問うて、

その信憑性をキミの口から直接聞いて判断しようとするのが面接官の仕事
です。よって、**自分の自己推薦書・志望理由書を読み返して、自分が面接官
になったつもりで質問を設定し、それに答えるという練習が必要です。**

　このとき、エントリーシートに書ききれなかった具体的なアクションやキミ
の思い（抽象化）を活き活きと答えられるように、「サクセスノート」を読み返
すことも大切です。これこそが、私がかつて生徒へのアドバイスとして行って
きた秘伝の一つです。

　また、答えた内容に具体性がないと、さらに突っ込んだ質問がくるというこ
ともあらかじめ想定しておきましょう。面接官から見た突っ込みどころとは、
次のようなことに関する記述についてです。

＊大学の建学の精神（大学の理念）を理解しているか

＊その学問（分野）を学びたいと思ったきっかけ

＊なぜ、その大学・学部・学科でなければならないのか

＊具体的に興味・関心があるのはどういうことか


　自分の自己推薦書・志望理由書に対する突っ込みどころを想定して、それに対する答えを考えておく必要があります。ただし、「答えを文章化して、覚える」というやり方は絶対にしないでください。答えるべき柱、それを考えておくことです。


　次に、全国の国公立大学・難関私立大学の面接で頻出の質問を示します。これらにどのように答えるか？については、本書付属のDVDで説明します。

　ですが、どう答えるかを考える前に、これだけは押さえておきたいことがあります。それは、大学は「キミの内面的な姿勢・態度に興味をもっている」ということです。

　面接官が見る内面的な姿勢・態度とは？　それはね、**キミの学究的な意欲、つまり、将来、何かを学問として追求したい、研究したいという意欲がある人物かどうか、学問をしていくための資質があるか否か**ということです。このような意欲・態度をシビアに見ているのです。


　このことを踏まえて、次のような質問をされた場合の受け答えを検討してくださいね。以下は、実際に私が受けもった生徒から面接後にヒアリングし、まとめたものです。

- なぜ本大学・学部・学科を志望したのか。

- 入学後に何をしたいか。大学に入って達成したいことは何か。

- 卒業後に何をしたいか。将来就きたい仕事はあるか。

- 今まで経験してきたことと将来との関連は何か。

- なぜ他大学ではなくて本学か。他大学に比べて本学の良さは。

- なぜ○○なのか。自分の経験の中で何を○○に活かせるのか。
  ○○を行うにあたって、具体的にあなたの強みとなるものは何か。

- 本学に何度来たことがあるか。本学のイメージはどのようなもの
  か。学生の印象はどうか。

- 受けたい授業・カリキュラムはあるか。楽しみな授業はあるか。

- なぜこの試験形態で受験したのか。なぜ一般受験ではないのか。

- ○○を学ぼうと思ったきっかけは何か。なぜ、○○でなければい
  けないのか。

- 自己PRを○分で。

- 通っている高校の紹介。3年間の高校生活で印象に残っている
  ことは何か。

- 高校でがんばったことは何か。その活動から得たことは何か。

- 高校生活で一番楽しかったことは何か。一番苦しかったことは何か。

- リーダー的役割の中で苦労したことは何か。

- 部活動は何か。部活動以外で何か継続していることはあるか。

- 自分の長所・短所は何か。

　課題レポート・課題作文などについて面接で聞かれる質問を紹介します。
この質問では、それほど細かな突っ込みは見られません。

・記述内容についての具体的な質問

　なぜ、○○に興味をもったのか。いつからか。○○という言葉に

　ついて説明できるか。〈頻出〉

・書類の要約を5分で説明。研究の成果に名前を付けるとすると、

　何か。　　　　　　　　　　　　　　　　　〈筑波大・情報（総合）〉

・課題について、今までの人生を大学でどう活かしていくのか。

　　　　　　　　　　　　　　　　　　　　　　〈立教大・観光（推薦）〉

・課題レポートの指導は誰にしてもらったのか。

　　　　　　　　　　　　　　　　　　　　　　〈上智大・新聞（推薦）〉

　↑レポートがオリジナルか否かの確認。

・レポートについて訂正したいところはあるか。

　　　　　　　　　　　　　　　　　　　　　〈金沢大・薬創薬（総合）〉

　↑提出した後も検討していたという意欲をもっているかどうか

　　を見る。

・レポートに○○先生の本のことを書いていたが、先生の他の本

　を読んだことがあるか。　　　　　　　　　〈名古屋大・人文（推薦）〉

　↑正直に答えればいい。読んだことがなくても、このあとすぐ

に読みます、という意欲を伝える。

・レポートについて、なぜ○○科を志望するのか、○○科にはどん
　な問題があるか。健康管理について。リーダー経験について。

〈慶應義塾大・看護（総合）〉

## 推薦書・調査書の記載内容に関する質問

　推薦書や調査書についての質問に対しては、質問の的を外さずにそのま
ま答えれば問題ありません。この質問においても、それほど細かな突っ込み
は見られません。

・記載された得意科目と苦手科目について。

・記載されたボランティア活動について。

・記載された特技について。

・記載された学校外活動について。

・記載された選択授業について。

・自分の評定平均についてどう思うか。

〈横浜国大・人間形成（推薦）〉

　↑自分のどんな点が評価されていると思うかを述べる。そして、
　　各教科における得意・不得意について答える。

# 3
# エントリーシート以外に
# ついての質問

　では、エントリーシート以外のことではどういう質問があるか、見ていきましょう。まずは、各大学や各面接官が独自に用意する質問です。

## 各大学などによる
## 独自の質問

別冊
P.042

　各大学や各面接官による独自の質問に対しても、自己推薦書についての質問と同様、ベースに置くのはキミの**学究的意欲**です。まずは、頻出のものを紹介します。

頻出の独自の質問

・主軸以外の分野を学ぶならば何か。2番目に興味のある学問は
　何か。
・最近読んだ本の中で印象に残っているものは何か。あなた以外
　にその本を読む友人はいるか。いつその本を知ったのか。読後、
　何を思ったか。主人公の生き方についてどう思うか。2次試験に

向けて読んだ本はあるか。

・最近気になるニュースは何か。

・オープンキャンパスに参加したか。他にどの大学へ行ったか。

・大学で勉強以外にやってみたいことは何か。

・なぜ○○学ではなく△△学なのか。

・最後に学部について何か質問はないか。

　↑「特になし」はNG！　質問の準備を。

次は、実際にあった質問を紹介します。

各大学や学部等の独自の質問

・あなたの出身地は。函館の印象は。他の大学・学部ではダメな
　理由は。四つの学科の中で入りたいのはどこか。

〈北海道大・水産（総合）〉

・なぜ医者ではなく看護師なのか。なぜ秋田なのか。どこに住むか。
　雪国での一人暮らしは大丈夫か。体力に自信はあるか。親は賛
　成か。

〈秋田大・看護学（推薦）〉

・過去の最大の失敗とそれをどう乗り越えたか。

〈国際教養大（総合）〉

・自分をどのような性格であると思うか。夏の課題はどうやって終
　わらせるタイプか。すぐ実行に移すか、計画を練ってから実行す
　るか。法律を扱ううえで、司法と行政の違いは何か。受けたいゼ
　ミや講義名は何か。

〈東北大・法（総合）〉

・部活動から学んだことは何か。どこの県で教員になるか。どこへ留学したいか。日常生活でどのように英語を使うよう努力しているか。　〈都留文科大・初等教育・英文（総合）〉

・数学は得意か。あなたがつくったものを世界に公表するとしたら、どのような点に気をつけるか。自分の興味・関心に影響を与えた本はあるか。教育の格差についてあなたが思う対処策は何か。研究を進めるうえでの言語学についてどう思うか。資料が残っていない場合の研究方法としてどんなことが考えられるか。メディアの進化と言葉の変遷にはどんな関係があるか。

〈筑波大・情報（総合）・教育（推薦）・史学（推薦）〉

**↑専門分野における興味・関心があることを伝える（DVDを参照してください）。**

・教師を目指す前に描いていた将来像は何か。部活動で辛かったことは何か。尊敬する企業や企業人は何（誰）か。

〈横浜国大・学校教育（推薦）・経営（推薦）〉

・小学生について、今問題だと思うことは何か。好きな作家は誰か。フィクション系とそれ以外のもので、それぞれ印象に残っている作品は何か。　〈千葉大・国語科専修（総合）〉

・部活動で大切にしたいことは何か。苦手教科は何か。推薦に合格する自信はあるか。　〈一橋大・商学（推薦）〉

・教員になって大切にしたいことは何か。児童の中には専門的なことに詳しい子もいる。そんな子に質問されて答えられないような、あなたが苦手とする分野はあるか。

〈東京学芸大・ものづくり（推薦）〉

・本学まで遠くないか。物理ではなく生物を選択した理由は何か。4月までどのように過ごすか。通っている学校はどんな学校か。今日の面接は百点満点中何点か。 〈東京都立大・放射線〉

・なぜ医学部や薬学部ではなく、本学の学科なのか。 〈東京農工大・生命工学（推薦）〉

・将来について、夢の実現のために具体的にどのようなことを行っているか。最も印象に残った実験は何か。入りたい研究室はどこか。総合入試対策として何をしてきたか。 〈お茶の水女子大・言語文化（総合）・生物（推薦）〉

↑最後の質問には、**専門分野に対して高い関心をもち、その分野の勉強について具体的に考えたこと**を答える。

・ダーウィンの残した偉業について考えるところは何か。 〈東京工業大・第7類（総合）〉

・海と関わる機会はあったか。他大学と本学とのオープンキャンパスの違いは何か。学びが偏らないように工夫したことはあるか。 〈東京海洋大・海洋環境（推薦）〉

・自分が考えた企画をどうやってものにするのか。どう売り込むのか。 〈立教大・観光（推薦）〉

・あなたが考えるドイツ人とはどういうものか。好きな英文学作品のあらすじと見解はどういうものか。 〈明治大・ドイツ文学（推薦）・英米文学（推薦）〉

・面接練習や小論文練習をどれくらいしてきたか。 〈上智大・心理（推薦）〉

・興味のある社会問題は。高校紹介。早稲田は受験するのか。な

ぜ東京なのか。仕事に就いてからしたいことは何か。どのような
本を読み、それに対する自分の意見はどんなものか。

〈慶應義塾大・法律・政治（総合）〉

・あなたは○○についてどのような問題意識をもち、具体的にど
のように解決しようとするのか。

〈慶應義塾大・総合政策（総合）〉

**↑テーマは年度ごとに異なるので予想はしない。あくまでも自
分の学究的態度を伝える。**

・自分に足りないと思うことはどんなことか。それについてどのよ
うな対策を取るのか。　　　〈青山学院大・マーケティング（総合）〉

・読書習慣はあるか。印象に残っている国語教材は何か。国際交
流の経験はあるか。将来どこで働きたいか。

〈早稲田大・国語国文（総合）・社会科学科（総合）〉

・推薦入試に落ちた場合はどうするのか。子ども時代に感じた身
の回りの化学はどんなものか。　　　〈埼玉大・基礎化学（推薦）〉

・記憶喪失になって言葉も通じない街中にいるとしたら、あなたは
どうするか。英語以外に進みたいコースは考えているか。日本語
が論理的であることの説明。

〈静岡大・化学バイオ工学（総合）・言語文化（推薦）〉

・信州の印象はどんなものか。固定資産税が人によって異なるこ
とを知っているか。　　　　　　　　〈信州大・経済（推薦）〉

・委員長などリーダー的存在として苦労したことはあるか。

〈名古屋市立大・国際文化（推薦）〉

・大人になるとはどういうことか。　　〈愛知県立大・看護（推薦）〉

・心理学以外に読んだ本や映画はあるか。

〈名古屋大・人文（推薦）〉

・環境問題を解決するために、社会学ではなく工学を選んだ理由は何か。自分がやりたいこと以外にもう一つできるとしたら何がやりたいか。　〈名古屋工業大・創造工学教育（推薦）〉

・オープンキャンパスの感想はどんなものか。英語は得意か。自分を高めるための工夫はどんなものか。

〈豊橋技術科学大・機械工学（推薦）〉

・スポーツのどれかを物理的に説明しなさい。開業したら何人ぐらいで働きたいか。動物の病気で知っているものは何か。

〈岐阜大・工学（推薦）・共同獣医（推薦）〉

・周りの友達のあなたへの評価はどのようなものか。

〈岐阜薬科大・薬学（推薦）〉

・○○県でテロが起きた場合、経済的な面でどうなるか。最近の気になる話題を二つ。　　　　〈富山大・経営（推薦）〉

・人生で一番嬉しかったこと、苦しかったことは何か。

〈三重大・資源循環（推薦）〉

・コミュニケーション力がつくと思われる小学校での授業や学校外活動は何か。現代の小学校で推薦すべきあなたが読んだ本とその理由は何か。　　〈京都教育大・学校教育教員養成（推薦）〉

・今まで教育や福祉について行ってきたことは。どの分野で働きたいのか。スクールカウンセラーとスクールソーシャルワーカーとの違いは何か。　　〈大阪府立大・地域保健（推薦）〉

・学校でどういうことをして過ごしているか。面接の最後に言い残

したことはないか。20個提示された中から3個を選び、自分の
性格を説明。留学について親は何と言っているか。行ったことの
ある国の印象について。どんな国際問題に興味があるか。第二
言語は何か。まだ書類や面接でアピールしきれていないことが
あると思うが、何か。控え室で何を考えていたか。

〈同志社大・商学（総合）・グローバルコミュニケーション・グローバ
ル地域文化（推薦）・文化情報（総合）〉

**↑最後の質問には「自分の気持ちはどうすれば伝わるのかを
考えていた」などの次の話に広がりやすい答えにする。**

・入学後にやりたいことを三つ。どの先生のもとで学びたいか。誰
のゼミをとるか。その先生の研究内容は何か。高校時代の活動
を通じて形成された問題意識と大学で学びたいテーマ（提出課
題）について、自分の口で説明しなさい。集団の中でリーダー
シップを発揮できるか。将来解決したい地域社会問題は何か。

〈立命館大・日本史研究学域・人間福祉・メディア社会・国際経営
（総合）〉

・留学先でどんな経験をしたか。英語を学ぶきっかけは何だったか。
自分の周りの大人について、おかしいと思ったことはあるか。子
どもがあなたの授業を面白くないと言ったらどうするか。体験授
業が増えているが、なぜか。

〈関西学院大・国際・日本文学日本語・初等教育（総合）〉

・部活動は大学でも続けるか。通学時間はどのくらいか。

〈関西大・人間健康（総合）〉

・人を思いやることの大切さについて、小学生に伝えるにはどうす

3　エントリーシート以外についての質問

るか。小学校と中学校の違いは何か。

〈広島大・初等教員養成（総合）〉

・自分がキャプテンと仮定して、試合前に全員のモチベーションを
あげるために何を言うか。どのようなボランティア活動をしたいか。
看護以外の道を考えたことはなかったのか。どの病棟で働きた
いか。　〈神戸大・人間行動（総合）・看護（推薦）〉

・農産物をブランド化するうえで重要なことは何か。今後の農業に
ついてのあなたの考えはどんなものか。地域で起きている問題
は何か。その問題に対してどのように関わっていきたいか。

〈愛媛大・食料生産（推薦）・産業マネジメント（総合）〉

・苦手科目を克服するためにしていることはあるか。日本の農業
の問題を三つ挙げる。農業経験があるか。

〈鳥取大・生物資源環境（総合）〉

・第三言語として何を学びたいか。同性婚について賛否両論の論
証。生活保護受給者がパチンコをすることの是非。どうやって本
学を見つけたのか。どうして他大学ではないのか。希望どおりの
コースに進めないことがあることを知っているか。遺伝子組み換
え植物について。生物多様性を守るためにどのような活動が行
われているか。やりたいと思っていることの規模はどれくらいか。

〈九州大・法学・生物資源環境・生物（総合）〉

・将来どのようなロボットをつくりたいか。会場までどうやって来た
か。　〈九州工業大・機械工学（推薦）〉

・○○先生の講義で印象に残っていることは何か。勉強する際に
工夫したことは何か。今までで一番嬉しかったことは何か。英語

は得意か。農業と漁業の違いについて。

〈長崎大・総合経済・水産（総合）〉

　このように、各大学や学部等の独自の質問では、いろいろな角度からの突っ込みがありますが、やはり柱となるのは、自己推薦書・志望理由書関連の質問について考えたことですよ。

## 小論文などに関する質問・グループディスカッション

　質問の紹介の最後は、小論文などについてのものと、グループディスカッションのパターンです。

> 小論文などに関する質問

・学科試験の出来はどうだったか。小論文の出来はどうか。

〈**頻出**〉

・全体の感想。課題文の内容は何か。部活と関連させて。

〈都留文科大・初等教育（総合）〉

・先ほどの筆記でわからなかった語句はなかったか。それについてどうしたか。休み時間に調べたか。　〈上智大・新聞（推薦）〉

・面接前に指定されたもので40分でプレゼン資料作成→それについての質問　〈東工大・第2類（総合）〉

・先ほどの（課題となっていた）プレゼン内容を、あなたの将来と

どのように結びつけたいか。　　　　〈同志社大・商学（総合）〉

・○○について、○○とはいったいどういうものか。問題点は何か。
　○○についてあなたはどう思うか。

　　＊○○には、選挙制度、社会保障制度、男女雇用機会均等法などの制度
　　や法律が入る。　　　　　　　　　　　　　〈立命館大・法学（総合）〉

・小論文についての内容を説明してください。〈関西大・文（総合）〉

・地球外生命体の存在について信じているか。自分と反対の意見
　の人に対して反論してみてください。　　　〈東京都立大・放射線〉

・六つの小作品から一つを選んで音読→選んだ理由、音読で気を
　つけたこと、感想、この先はどう展開するか。

　　　　　　　　　　　　　　　　　　〈千葉大・国語科専修（総合）〉

・小論文の題とドイツ文学は、どのように関連すると思うか。

　　　　　　　　　　　　　　　　　　〈明治大・ドイツ文学（推薦）〉

・学科試験（ペストについて）の要約内容を、日本語で簡単に説
　明してください。人々はどうしたか。地主は何をしたのか。ペスト
　について知っていたか。簡単だったか。　　　　　〈上智大・英文〉

・前日の実験についての質問。直前に書いた自己推薦文について
　の質問。体験を聞く。　　　　　　　　　〈金沢大・薬創薬（総合）〉

・2次試験で作成したフィールドワークに関するレポート作成につ
　いての質問。　　　　　　　　〈立命館大・地域研究学域（総合）〉

・今回の小論文、三つの中で特によく書けたと思う所は、どのよう
　に論じたのか。　　　　　　　　〈九州大・生物資源環境（総合）〉

・小論文問題の資料7（白宅で最期を過ごせるための必要な条件）
　を見てあなたはどう思うか。　　〈福岡県立大・看護学科（推薦）〉

・○○についての是非。賛成反対両方の立場で意見を述べ、ディスカッションのあとに最終的な自分の意見・立場を述べる。

〈中央大・政治学科（推薦）〉

↑他者の意見をどれだけ理解し、それをまとめてから発表できるか。

・資料を読んだあとに三つ質問をされ、その後グループでディスカッション。3名で意見をまとめ、代表者1人が面接官に向けて発表する。

〈国際基督教大（総合）〉

・日本を観光立国にすることについて受験生7名で議論せよ。資料のように鯨や犬を食べる習慣のある国に対して批判する人がいることについて、どのように応答すべきか。

〈慶應義塾大・法律（総合）〉

# 4

# 面接シミュレーション

　さまざまな質問を紹介しました。ここで、こうした質問を踏まえて、オーソドックスな面接の想定問答を次に挙げますね。ぜひ、キミの面接準備に取り入れましょう。

〇受験生　●面接官

〇（ノック・入室）「失礼します。」（礼…腰から30度）

●「どうぞ。」

〇（イスの横に立つ）

●「受験番号、氏名を言ってください。」

〇「はい。○○番、○○高等学校から参りました、○○です。よろしくお願いします。」（礼…腰から45度）

●「着席してください。早速ですが、午前中の試験・小論文はどうでしたか。」

〇「はい。～については自分なりにしっかりと記述することができたと思います。しかし、～については、言葉足らずになってしまい、うまく伝えることができなかったのではないかと不安です。」

↑出来不出来ではなく、具体的にどうであったか答える。

● 「今、訂正したいこと、追加したいことがあったら言ってください。」

○ 「はい、ありがとうございます。私は、〜について〜ではないかと考えました。それは〜だからです。たとえば、〜ということがあります。よって、私は〜と考えます。そのことを追加したかったです。」

↑追加したいことをあらかじめ具体的に考えておく。

● 「あなたは、なぜこの学科を志望したのですか。他大学にもこの学科はありますが、うちの大学でなければならないような理由があるのですか。」

○ 「はい。私は他大学の○○学科についても検討しました。しかし、○○大学の○○学科では、他大学にはない〜について学べます。また、〜という制度も○○大学独自のものであり、私はその制度を活用させていただき、〜したいと考えたからです。」

↑入学後を想定して具体的に答える。他大学との特徴の相違をあらかじめつかんでおく。

● 「さっき〜と言いましたが、〜とはどういうことなのか教えてください。」

○ 「はい。私は、〜については〜だと考えています。そして、〜ということだと承知しています。」

↑どういうこと？には、より具体的に答える。

● 「あなたは、一般受験ではなくて、なぜこの入試形態で受験しようと考えたのですか。」

○ 「はい。もちろん私は一般受験でも○○大学を受験します。ただ、

ペーパー試験では測れない、私の○○や〜に対する熱意をお伝えして、それを見ていただきたいと思い、出願させていただきました。」

　　↑自己アピールしてもOK！

●「あなたは、本学の建学の精神を理解していますか。」

○「はい。○○大学の建学の精神は、〜です。それは〜ということだと理解しています。」

●「総合型選抜（学校推薦型選抜）はどのような入試制度だと思いますか。」

○「はい。○○大学の建学の精神や教育理念を理解し、アドミッションポリシーにふさわしい人物を選抜する入試制度だと思います。」

　　↑対象学部の受験形態について、その特徴をあらかじめ調べておく！

●「あなたは、本学本学科のアドミッションポリシーを知っていますか。」

○「はい。建学の精神や教育理念である〜に基づいて、〜のような人材を求めています。また、○○学科においては、さらに具体的に〜できる人物を求めています。」

●「あなたは、本大学のアドミッションポリシーにふさわしい人ですか。」

○「はい。私は、○○ということを経験し、また、○○という思いをもっています。その点アドミッションポリシーにかなう人間であると思います。ぜひ、入学させていただき、自分の○○を活かして

大学生活を送りたいです。」

　↑**自己アピールしてもOK！**

● 「あなたは、なぜ〜について学ぼうと思ったのですか。何かきっ
　かけがありましたか。」

○ 「はい。私は、〜の頃に〜を経験し（または、書物との出合いが
　あり）ました。その時に〜思いをもつようになったことがきっかけ
　です。そして、その思いは今も変わらず、ますます強いものになっ
　ています。」

　↑**自己アピールすればよい。**

● 「高校時代の経験で、印象に残っていることは何ですか。」

○ 「はい。〜です。」

● 「なぜ印象に残っているのですか。」

○ 「はい。〜については最初の頃は失敗も多く、〜したからです。
　自分なりに〜について普段から〜することで、最後に克服できま
　した。心に残る、また、自信につながる経験になりました。」

　↑**「なぜ？」と問われることを想定して具体的な答えを準備する。**

● 「何か質問したいことはありますか。」

○ 「はい。3年次の留学制度を利用させていただきたいと考えて
　いるのですが、ヨーロッパの対象大学について、現在の4大学
　から増える予定はあるのでしょうか。」

　↑**必ず入学後を想定した質問項目を準備しておく。**

● 「最後に何か言いたいことがありますか。」

○ 「私のような未熟な高校生に対して貴重な時間を割いていただ
　き、ありがとうございました。大変勉強になりました。今日の面接

を今後の生活に活かしていきたいと思います。ありがとうござい
ました。」

**↑最後まで学究的態度を貫く！**

● 「以上で面接を終わります。」

○ （起立してイスの横に立つ）「ありがとうございました。」（礼…腰
　　から45度）

　　（出口前で）「失礼します。」（礼…腰から30度）


　実際の面接がイメージできたでしょうか。次に、面接で答える時の注意点
を挙げます。

面接に望む際の注意点

・覚えてきたことをそのまま言うような話し方はしない。よって、回
　答を丸暗記する必要はない。ノンバーバルコミュニケーションを
　意識する。自分の素の姿を示せばよい。

・想定内の質問だとしても、待ってましたとばかりに、スラスラと
　淀みなく答えない。気持ちを込めて丁寧に話す。

・相手の質問には、「はい。」と返事して、ひと呼吸おいてからゆっ
　くりと的確に答える。

・質問が聞き取れなかったり、よくわからなかったりしたら「すみま
　せん。もう一度お願いします。」と言えばよい。

・答えたことについて面接官が反論してきても、「でも・しかし」な
　どの相手の反論を否定する言葉は決して使わない。「はい。確か

におっしゃるとおりだと思います。私の考えはまだまだ未熟です。ただ、～については～なので、～だと考えていました。もう一度考えてみたいと思います。」といった言葉のキャッチボールを心がける。

・聞かれたことに対して素直に答える姿勢を貫く。客観的な事実（体験）などを伝える。

・大学に対して「貴学」という言葉は使わない。あくまでも固有名詞の「〇〇大学」と呼ぶ。法人名「～学園・～法人」などは必要ない。大学名だけでよい。（面接官によっては、「うちは貴学という名前の大学ではない」と訂正された方も過去にいらっしゃいました。）

# 5

# 面接官について

「面接編」の最後に、面接官のことについて考えてみましょう。

面接官といっても、人の子。いくら客観的に受験生を判断しようとしても、そこには面接官の主観や好みが入り込んでくるはずです。

また、今までの説明でわかるように、面接試験においては、ペーパー試験のような、客観的なモノサシは存在しません。

そこで、通例、複数の面接官によって、キミは評価されるわけです。

さて、面接では、何名くらいの面接官がいるものなのでしょうか？　面接官の数は、大学・学部によって異なります。平均すると、3名ぐらいでしょうか…。各大学の面接官人数の過去の事例を紹介しておきます。

面接官人数の過去の事例

《2名》

千葉大・国語科専修、都留文科大・初等教育・英文、東京学芸大・ものづくり、お茶の水女子大・言語文化、慶應義塾大・法律・看護、上智大・英文、中央大・法、立教大・観光、法政大・国際文化、早稲田大・国語国文・社会科学、富山大・経営、立命館大、大阪府立大・地

域保健、同志社大、関西学院大、関西大、愛媛大・産業マネジメント

《3名》
北海道大・水産、国際教養大、秋田大・看護、東北大・法、筑波大、横浜国大・学校教育、東京海洋大・海洋環境、東京農工大・環境資源、東京都立大・放射線、慶應義塾大・法律・総合政策、明治大・文、国際基督教大、青山学院大・マーケティング、上智大・心理、信州大・経法、名古屋大・文、愛知教育大・教育科学、愛知県立大・看護、名古屋市立大・国際文化、岐阜薬科大、岐阜大・工学、同志社大・商・文化情報、神戸大・看護、鳥取大・生物資源環境、九州大・生物資源環境・生物、福岡県立大・看護

《4名》
東京工業大・第2類、三重大・資源循環、京都教育大・学校教育教員養成、九州大・法学、九州工業大・機械工学、長崎大・総合経済

《5名》
名古屋工業大・創造工学、東京農工大・生命工学、金沢大・薬創薬、広島大・初等教員養成、愛媛大・食料生産

《6名》
埼玉大・基礎化学、神戸大・人間行動

キミが相対する複数の面接官。その個々の状況について考えてみましょう。面接官はどのような考え方（思考）をし、どのような方向性（志向）で受験生に着目するのか。また、どのようなことに関心（嗜好）もって研究されている方々なのか。面接官の思考・志向・嗜好について、一緒に想像していきましょう。

## 面接官の思考について
### …文献重視か体験重視か

まずは面接官（大学教官）の「思考」について考えてみましょう。思考といっても、もちろん大学教官の思考を一般化して提示するなんてことはできませんし、最大公約数的なものを提示するのもなかなか難しいことです。ただ、次に挙げるエピソードを参考にして、相手を少しだけ「知る」ということ、それはキミにもできるのではないかと思います。そのことが面接試験本番の準備になるものと確信します。

さて、大学の教官は、おもに何を生業としているでしょうか？　それは論文を書くということにあります。その教官を価値づけるのは、その教官の論文だといっても過言ではありません。その観点から、大学の教官の「思考」とはどういうものかを考えてみましょう。

 **大学の論文とは**

私の教え子が、とある大学の教育学部の学生（教職志望）だった頃の話

です。その教え子は卒業論文の執筆で、とても苦労していました。指導教官の思考に納得できない、と言うのです。それこそ「思考・志向・嗜好（しこう）」が大学の先生と異なっているのでした。決定的な齟齬（そご）（食い違うこと）が生じたのは、卒業論文の再提出時における教官の教え子への言葉です。「この部分、これはあなたの考えでしょ。あなたの考えは、論拠になりませんよ。それはあなたの自分勝手な考えです。文献を読み、文献から理由を価値づけなければ論文にはなりません。もう一度『○○』などの文献を読みなさい。これは論文ではありません。」そう言われたそうです。

「竹内先生、高校時代の小論文は、結論を導くための理由を、いろんな角度から考えたり、具体的な経験を取り入れたりして、自分独自の思考を表すことが大切だ、って教えてくれたじゃないですか。大学の先生が言ってるのって、結局自分の体験や思考ではなくて、他人の思考や体験を借りて、それを引用して書け、ってことですよね。言ってみれば体（てい）のいい丸写しじゃないですか。『ソシュールによれば』などの枕詞だらけになってしまいます……。」

 ## 大学教官の専門性とは

私は教え子に対して、「何もその指導教官が特殊なわけではないよ。特に、キミの在籍している大学では、そのような『思考』の教官が普通なのかもしれない。だから、その先生の指示に従って論文を仕上げるしかないよ」と、告げました。

後日、気になったので、その先生のことを調べてみました。「学校教育」を専門にしている方なのですが、実は、教育学部ではなく外国語学部出身で、学部卒業後は方向性を変えて、大学院で学校教育などを中心に勉強された

方でした。つまり、現在、大学で学校教育を専門にして教えてはいるものの、一度も小学校・中学校・高校の教壇に立ったことのない方でした。

そんな方にとって、何が体験・経験になるのか？ それは文献をたくさん読み、自分の血肉にするということなのかもしれません。そして、ひたすら文献を主体にした論文を書いたり、たとえば海外での流行（例:アクションプラン）などを取り入れたりすることで、実体験のなさを補ってきたのかもしれません（もちろん想像です）。

自分の意見のエビデンス（証拠）を自分以外の国内外の論文や文献で証明する、そのような論文を何本も書く、そして、グループ研究よりも単独の研究、共著よりも単著の数に重点を置く、という「思考」。それが、大学の教官の特徴の一つなのかもしれません。

 **体験として語る読書**

では、そんな思考の面接官にどう相対（あいたい）すればいいのでしょうか？

簡単です。キミも、**本を読むことを一つの貴重な体験として考えている**、ってことを、機会があれば示せばいいんです。しかし、無理にアピールする必要はありません。ただ、準備として最低3冊、自分の糧となった本を用意しておいて、聞かれたときに、それについて語れるようにしておくことです。いいですか？ あくまでも、聞かれたときだけですよ。

また、上記のような「思考」をする面接官は、「〜について知っていますか？」などと、知識を問うてくる場合があります。自分が知らない場合は、「知りません」とあっさり答えるのではなく、「〜については、○○ぐらいしか想像できません。よろしければ知りたいので教えていただけないでしょうか。あと

で、書物などで調べてみたいと思います。」といった、**文献で調べることに対してやる気のある姿勢を見せればよいかと思います**。それが、大学教官の「思考」にマッチした回答になると思います。

## 面接官の志向・嗜好<ruby>嗜好<rt>しこう</rt></ruby>について

### 👉 面接官の志向

**面接官は何に重きを置くのか**、それを考えてみましょう。

キミが相対する面接官、もしかしたら、ある役割を担っている方かもしれません。役割って？　それは**入試委員などの、入試に関わる役割**です。大学では、たいていその年度の入試委員がいます。キミを面接する教官が、その委員である場合が考えられます。そのような方々の「志向（意識がある一定の目的・目標に向かうこと）」について想像してみましょう。

たとえば、総合入試委員の教官が重きを置いて意識していることは、何でしょう？　総合入試はどのような入試であるか、再考すれば見えてきますよ。

総合入試の制度とは、簡単にいってしまえば、「**その大学の建学の精神や教育理念を理解しており、アドミッションポリシー（AP）にふさわしい人物を選抜する入試制度**」ということになります。つまり、総合入試委員は、その選抜制度の目的を十分に意識していると想像できます。

では、キミは準備として何をすればよいのでしょう。総合入試委員の志向のベースである総合入試制度の要点について理解し、そこに自分の「志向」

を重ね合わせることです。つまり、総合入試制度の目的に関わる事柄—その大学の「建学の精神」「教育理念」「アドミッションポリシー」「カリキュラムポリシー」「ディプロマポリシー（学位授与の方針）」—を理解し、それらと「自分自身」との接点を探して、簡潔に伝えられるように準備するということです。総合入試の目的に関わる事柄と接点をもっている生徒こそが、面接官の志向にマッチする受験生ということになります。

　また、キミの受験する大学が、何らかの宗教を建学の精神の柱にしている場合は、それについて理解しておくことは当然のことですよ。もちろん、面接官が入試委員ではない場合も考えられます。しかし、転ばぬ先の杖、準備しておくと落ち着くものです。推薦も同様ですよ。


☞ **面接官の嗜好**


　キミと相対し、キミの合否に関わる面接官。果たしてどんな「嗜好」—どのような研究をしているかなど—をもっている方々なのか。この点もあらかじめ知っていると落ち着いて万全の体制で、面接に臨めるのではないかと思います。どうすればよいのでしょう。

　**志望大学のホームページで調べることと、オープンキャンパスへの参加**が重要になります。受験する大学の先生方はどういう人たちなのかを調査する、「名探偵」になるのですよ。詳しくは、本書付属のDVDを視聴してください。


　面接官の三つのシコウ「思考・志向・嗜好」について見てきましたが、では、どのような準備が必要なのでしょうか？

　これについては、DVD『掟破りの秘策編』で詳しく解説していきます！

自分だけの物語で逆転合格する

# 総合・推薦入試
## 志望理由書&面接

推薦書対策
&
面接DVD
つき

制作スタッフ

イラストレーション
岡村亮太

ブックデザイン
木庭貴信、角倉織音
（OCTAVE）

編集協力
宮崎史子、佐藤玲子、鈴木瑞穂

DVD制作
ジャパンライム株式会社

DVDプレス
東京電化株式会社

データ作成
株式会社 四国写研

印刷所
株式会社 リーブルテック